健康达人
教你做营养餐

高敬荣　王海青 主编

U0186855

黑龙江科学技术出版社
HEILONGJIANG SCIENCE AND TECHNOLOGY PRESS

图书在版编目（CIP）数据

健康达人教你做营养餐/高敬荣,王海青主编.--
哈尔滨:黑龙江科学技术出版社,2023.11（2024.11 重印）
ISBN 978-7-5719-2121-7

Ⅰ.①健… Ⅱ.①高… ②王… Ⅲ.①保健 – 食谱
Ⅳ.① TS972.161

中国国家版本馆 CIP 数据核字 (2023) 第 174152 号

健康达人教你做营养餐
JIANKANG DAREN JIAO NI ZUO YINGYANGCAN
高敬荣　王海青　主编

出　　版	黑龙江科学技术出版社	
出 版 人	薛方闻	
地　　址	哈尔滨市南岗区公安街 70-2 号	
邮　　编	150007	
电　　话	（0451）53642106	
网　　址	www.lkcbs.cn	

责任编辑　杨广斌
设　　计　深圳·弘艺文化 HONGYI CULTURE

印　　刷	运河（唐山）印务有限公司	
发　　行	全国新华书店	
开　　本	710 mm × 1000 mm　1 / 16	
印　　张	13	
字　　数	180 千字	
版次印次	2023 年 11 月第 1 版　2024 年 11 月第 3 次	
书　　号	ISBN 978-7-5719-2121-7	
定　　价	45.00 元	

PREFACE 序言

　　健康是人类永恒的话题，与人的基本生存状态息息相关。而影响健康的因素多种多样，如生活环境、饮食习惯、不良嗜好、遗传因素、情绪等。俗话说"民以食为天"，可见饮食对人类健康的重要性。

　　随着社会的进步，我们的生活条件越来越好，生活习惯和饮食习惯都发生了很大的变化，身体健康状况也随之发生了较大变化，人们的平均寿命有所增长。但也因此，我们吃得好、吃得精，营养过剩，活动量减少，导致各种"富贵病"的发生，如肥胖症、高血压、高血糖、高脂血症、冠心病等，这些疾病的发生在很大程度上都与长期饮食不当有关。人们常说"病从口入"，如果不注重膳食平衡，不养成好的饮食习惯，这些疾病就会离我们越来越近，随时威胁健康。相反，如果我们平时注重科学搭配，做到合理膳食、营养均衡，从食物中所摄取的营养素能够满足身体所需，就能够预防疾病、增进健康。

　　身体所需的营养主要来自每天的饮食，而自然界中不同的天然食物所含营养素的种类、数量和比例各不相同，不同年龄、不同性别、不同生理状况对营养素的需求也不同。那么在这个物质丰富的时代，我们如何做到科学搭配食物、合理补充营养，从而吃得更健康呢？

本书作为一本营养健康指南，以营养学为基础，阐述了人体所需的必需营养素，介绍了一些不可不知的营养常识，教会您如何合理搭配，做到平衡膳食；并根据人体所需营养素，合理搭配一日三餐，也根据特殊人群的年龄、生理状况等制定了营养食谱，以通过饮食维持身体营养均衡，达到强身健体、预防疾病的目的。

当然，每一个个体都是特殊的存在，一个人在不同的年龄段，其生理状况、新陈代谢等方面都有着不同特点，因此日常饮食也要根据自身实际情况进行调整。本书作者抱着为读者朋友们普及饮食营养知识的想法，希望能帮助读者朋友们做到平衡膳食、合理营养，从而拥有健康的体魄。

CONTENTS 目录

chapter 01

营养决定你的身体素质

chapter 02

跟营养师学做成人专属营养餐

chapter 03

特殊人群营养计划

营养决定你的
身体素质

营养是人类从外界摄取的维持生长发育等生命活动的物质。在人体的整个生命活动过程中，营养是维持生命的基础，人要生存就必须不断获取营养。充足的营养能够促进身体发育、保持精力充沛，也能提高身体的抗病能力等。

第❶节 🥣

营养常识直通车

随着生活水平的提高，我们对饮食的要求虽然越来越高，但其实很多人缺乏科学的饮食营养知识，比如身体为什么需要营养，这些营养来自哪里，一日三餐怎样吃才能做到营养均衡……了解一些科学的饮食小常识，能让您吃得更健康。

人体为何需要营养？

对于"营养"这个词，相信大家都不陌生，但很多人存在这样一个误区，认为维持人体生命活动的有用物质就是营养。营养其实是人类从外界摄取食物，经过消化、吸收和代谢，利用其有益物质提供能量，构成和更新身体组织，以及调节生理功能的一个生理过程。可以说，人体生存所需要的所有养分均需要通过这个过程来获得。可见，营养并非指对身体有益的物质，而是获取养分以维持生命活动的一个过程。

食物经过消化、吸收和代谢，能够维持生命活动的物质叫作营养素，简单来说，也就是食物中对身体有益的物质。营养素是机体细胞生长、发育、修补和维持身体各种生理功能所需要的原材料，是人体新陈代谢的物质基础，也是提供人体生命活动所需要能量的动力源泉。人类生命的整个过程都离不开营养素，每个人从胎儿期开始就需要不断获取营养素，到婴幼儿时期、青少年时期、

中老年时期等人生的每一个阶段，都需要营养素作为支撑。

人体必需的营养素有50多种，其中七类物质最重要，被称为七大营养素，即蛋白质、脂肪、糖类、维生素、矿物质、膳食纤维和水。其中，蛋白质、脂肪和糖类可以在人体内经过氧化过程释放能量，是主要的产能营养素，人体对这些营养素的需求比较大，因此称其为宏量营养素或常量营养素；人体对维生素和矿物质的需求相对较小，但也是不可或缺的，在平衡膳食中仅需少量，因此称其为微量营养素。除了这五大基本营养素，食物中的水和膳食纤维对人体健康的作用也非常重要，所以现代营养学把水和膳食纤维列为第六和第七大营养素。

在正常生理条件下，各种营养素在人体内的吸收利用与其他营养素密切相关。想要打造健康的体魄，就不能忽视营养的重要性，生活要有规律，做到饮食均衡，并注重日常保养。营养不足会导致身体虚弱、多病，而营养过剩及营养不均衡也一样会危害身体健康。很多人把健康交给了医生，在日常生活中没有养成良好的生活习惯，等到有病痛时就依赖药物和手术，这显然是不可取的。及时、合理的营养补充，健康才会常伴身边。

营养来自哪里？

民以食为天，在人体的整个生命活动过程中，营养是维持生命的基础，人要生存就必须不断获取营养。古人曾说："安身之本，必资于饮食，不知食宜者，不足以存生。"也就是说，食物是安身立命之本，人的生命靠食物滋养，如果不知道饮食宜忌，就不足以维系生命。

营养是人类生存的基础，那么这些营养从哪里来呢？

身体所需的营养素主要来自我们每日所食用的各种食物，这些食物经过消化、吸收和代谢，利用其有益物质为身体提供能量，以维持生命活动。我国早在两千多年前的《黄帝内经》中就提出了"五谷为养，五果为助，五畜为益，五菜为充"的著名理论。身体上所有的细胞都仰赖于食物中的营养物质来提供能量，从而供应新细胞的生长，更换老旧的细胞。因此，为了良好生长和正常生活，身体需要不断摄取营养。现代医学研究表明，人体所需的营养素不下百种，其中一些可由自身合成、制造，还有一些则无法自身合成、制造，必须由外界摄取。这些营养素在维持身体的正常机能、增强健康方面发挥着重大作用。

什么是营养均衡?

我们都知道食物能给身体补充营养，合理的营养能促进机体的正常生理活动，改善机体的健康状况，增强机体的抗病能力，提高免疫力。当膳食所提供的营养和人体所需的营养恰好一致时，即人体消耗的营养与从食物获得的营养是平衡的关系，就称为营养均衡。通俗地讲，也就是身体得到的所有营养和身体的所有需求正好相符，不多也不少。

随着经济的发展和社会的进步，人们的生活水平有了很大的提高，居民的膳食和营养状况有了明显的改善，从温饱问题到营养问题、健康问题，人们在饮食中关注的重点也有了很大的变化。近年来，营养缺乏或营养不良问题导致的患病率明显下降，但营养过剩和营养失衡的情况却备受关注。营养摄入过度导致的儿童肥胖症和成年人的心血管疾病、脂肪肝、糖尿病等非传染性疾病，严重影响人们的生活和健康。有益的平衡膳食讲究营养素的种类齐全、数量合理，能有效解决营养不足和营养过剩的问题，有助于强身健体。

从食物分类及所含的营养素来看，没有任何一类食物能够提供人体所需要的所有营养素。因此，要获得充足、适量的营养，只吃一类或两类食物是不够的，各类食物都要吃，要根据食物的营养特点进行合理搭配。中国营养学会与中国预防医学科学院营养与食品卫生研究所，根据营养学原则，结合我国居民的膳食结构特点，设计出了我国居民平衡膳食宝塔。它把平衡膳食的原则转化成各类食物的重量，并以宝塔图形表现出来。平衡膳食宝塔共分五层，涵盖了我们每天应吃的主要食物种类。宝塔各层位置和面积不同，这在一定程度上反映出各类食物在膳食中的地位和应占的比重。谷类和薯类食物位居底层，成年人每天应摄入200~300克谷类食物（其中包含全谷物和杂豆类50~150克）和50~100克薯类食物；蔬菜和水果占据第二层，每天应摄入300～500克和200～350克；鱼、禽、肉、蛋等动物性食物位于第三层，每天应摄入120～200克（其中畜禽肉40～75克，水产品40～75克，每天1个鸡蛋）；奶类和豆类食物合占第四层，每天应摄入奶及奶制品300～500克，大豆和坚果摄入量共25～35克；第五层为烹调油和盐，成年人每天烹调油摄入量应在25～30克之间，食盐摄入量不超过5克。

盐	＜5克
油	25~30克
奶及奶制品	300~500克
大豆及坚果类	25~35克
动物性食物	120~200克
——每周至少两次水产品	
——每天一个鸡蛋	
蔬菜类	300~500克
水果类	200~350克
谷类	200~300克
——全谷物和杂豆	50~150克
薯类	50~100克
水	1500~1700毫升

每天活动6000步

数据来源：《中国居民平衡膳食宝塔》，中国营养学会，2022.

怎样吃才营养均衡？

营养素是人类生存和健康的基础，食物能提供身体所需的各种营养素，人体的健康与否和饮食营养有着极大的关系，人类的学习能力、运动能力、防病能力、康复能力、身高、体重等都与其不可分割。

过去，我国的传统膳食多以谷物为主，这种膳食结构对人体有利。但随着经济的发展、人们生活水平的提高，传统的膳食习惯已经发生了很大的变化，谷类摄入量明显下降，蔬菜水果摄入量大大减少，而动物性食物的摄入量显著增加。动物性食物的过量摄入，导致体内能量过剩，体重超标者逐渐增多，与之相关的一些慢性疾病，如心脑血管疾病、恶性肿瘤等的患病率也逐年升高。现代医学研究也证实，肥胖、高血压病、高脂血症、糖尿病和心脑血管疾病等都与膳食结构不合理有关。由此可见，合理的膳食结构是保证营养均衡的重要措施，是全面吸收营养和维持身体健康的最佳保障。

膳食由多种食物组成，而食物的种类、数量以及在膳食中所占比例的不同即构成不同的膳食结构。目前，膳食结构的划分依据动物性食物和植物性食物在日常饮食中的比例，以及蛋白质、脂肪和糖的热量供给量，大致可以分为植物性为主的膳食结构、动物性为主的膳食结构、地中海膳食结构以及动植物性食物平衡的膳食结构。其中，动植物性食物平衡的膳食结构是国内营养学者们认为较为适合中国居民体质需求的饮食结构。

一般来说，我们可以把日常食物分为两大类：一类是动物性食物，包括肉、鱼、禽、蛋、奶及其奶制品；另一类是植物性食物，包括谷类、薯类、蔬菜、水果、豆类及其制品。不同种类的食物所含的营养素不同，动物性食物、豆类及其制品含优质蛋白质，蔬菜、水果含维生素、矿物盐及微量元素，谷类、薯类含糖类，食用油含脂肪，奶、蛋含维生素A，瘦肉和动物血含铁，等等。

营养均衡强调食物多样化，使所含营养素齐全、比例适当，以满足人体需要。具体要做到以下几点：

食物多样化，做到合理搭配

日常生活中我们接触的食物多种多样，各种食物所含的营养成分不完全相同。平衡膳食必须由多种食物组成，才能满足人体各种营养需要，达到合理营养，促进健康，因此要广泛食用多种食物。谷类食物是中国传统膳食的主体，同时要注意粗细搭配，经常吃一些粗粮、杂粮等。

多吃蔬菜、水果和薯类

蔬菜与水果富含维生素、矿物质和膳食纤维。含丰富蔬菜、水果和薯类的膳食结构，对保持心血管健康、增强抗病能力及预防疾病等起着十分重要的作用。

常吃奶类、豆类及其制品

奶类除了含丰富的优质蛋白质和维生素外，含钙量也很高，是天然钙质的极好来源。豆类是我国的传统食品，含有大量的优质蛋白质、不饱和脂肪酸、钙及维生素B_1、维生素B_2、烟酸等。

经常吃适量的鱼、禽、蛋、瘦肉

鱼、禽、蛋、瘦肉等动物性食物是优质蛋白质、脂溶性维生素和矿物质的良好来源。动物性蛋白质的氨基酸组成更符合人体需要，且赖氨酸含量较高，有利于补充植物蛋白质中赖氨酸的不足。但动物性食物有些也含有较高的脂肪和胆固醇，不宜过量食用，否则会对健康不利。

食量要与体力活动平衡，保持适宜体重

食物提供能量，体力活动消耗能量，因此我们要保持进食量与能量消耗之间的平衡。体重过高或过低都是不健康的表现，可导致抵抗力下降，易患某些疾病。三餐分配要合理，一般早、中、晚餐的能量分别占总能量的30%、40%、30%为宜。

总的来说，合理的膳食宜清淡少盐，即不要太油腻，不要太咸，不要有过多的动物性食物和油炸、烟熏食物。世界卫生组织建议每人每日食盐用量不超过5克，膳食钠的来源除食盐外，还包括酱油、咸菜、味精等高钠食品，以及含钠的加工食品等。

此外，营养素之间的搭配也存在着大学问，如维生素C能促进铁的吸收，微量元素铜能促进铁在体内的运输和储存，而磷酸、草酸和植酸却影响钙、铁的吸收。而且不同的人群对营养素的需求量存在差异，要根据个人的营养需求和生理特点科学合理地进行饮食搭配，以保证营养成分的均衡摄入，促进人体健康。

你的营养是否缺失？

营养缺乏一般是很难察觉的，在有症状表现前，其实早就已经持续一段时间了。实际上，身体的一些很容易被忽略的小毛病，往往是身体状况的"晴雨表"，预示着我们的身体可能存在营养缺乏。因此，我们在生活中要多加留心，一旦发现异常，就需要引起重视。

缺乏蛋白质

主要症状有身体乏力、脸色苍白、肌肉松弛、畏寒、脱发、失眠等，指甲易断裂，容易感冒，易引起贫血、营养不良、骨质疏松等问题。

缺乏维生素 A

主要表现在眼睛和皮肤方面的不适，如皮肤干燥、粗糙、脱屑，继而发生丘疹；眼部常表现为暗适应能力下降，也就是夜盲症，严重缺乏维生素A还可以引起眼干燥症。

缺乏维生素 B_1

主要症状为情绪低落、食欲下降、健忘、失眠、便秘、腹胀、手脚麻木、脚气病等。

缺乏维生素 C

主要症状为抗病能力下降，容易感冒，牙龈出血，伤口不易愈合，皮肤瘀斑和毛囊角化等。

缺乏维生素 D

主要症状有多汗、睡眠不安、牙齿发育缺陷、骨头和关节疼痛、肌肉萎缩等，严重者可能引起佝偻病，出现O形腿或X形腿等问题。

缺乏维生素 E

主要表现为身体乏力、肌肉无力、贫血、血管疾病等，还会影响患者生育和内分泌健康，可能导致男性睾丸萎缩不产生精子，女性胚胎与胎盘萎缩引起流产，或导致内分泌失调、更年期提前、经前各种不适等。

缺乏维生素 K

主要表现包括凝血时间延长，容易引起出血病症，如皮肤紫癜、瘀斑、鼻出血、牙龈出血等。

缺乏钙

主要症状有脾气暴躁、失眠多梦、注意力不集中、记忆力下降、四肢无力或麻木、腿部抽筋、出虚汗等，甚至出现骨骼病变，如儿童佝偻病、中老年人骨质疏松症。

缺乏锌

缺锌易导致食欲不振、食欲下降、味觉衰退，出现厌食、偏食等，长期缺锌会导致人体出现生长迟缓、性成熟受抑制、营养不良、消瘦、面色苍白等，还会导致免疫力下降。

缺乏镁

缺镁早期的症状主要有厌食、恶心、呕吐等，长期缺镁会导致记忆力减退、精神紧张、易激动、神志不清、烦躁不安等，严重低镁血症可有癫痫样发作。此外，因为缺镁会影响钙质的吸收和代谢，所以缺镁也可能出现腰膝酸软、腰腿疼痛、活动受限等骨质疏松的表现。

缺乏膳食纤维

主要表现为便秘、消化不良、痔疮、暗疮、青春痘、肥胖等。

人体营养流失的原因是什么？

每天的饮食为我们的身体补充丰富的营养物质，有的人甚至还会通过服用保健品以防止体内营养缺乏，但很多时候却没有看到显著的效果。这是为什么呢？此时就要考虑是不是因为一些不留意的细节和不良的饮食习惯，导致了体内营养的流失。

● 钙的流失

吃肉太多。吃肉太多不仅会造成脂肪超标，还会导致钙流失。膳食中摄入过多的脂肪会导致膳食总蛋白质过剩，进而增加尿钙的大量流失。此外，肉类脂肪含量较高，摄入过多的脂肪会阻碍人体内钙的吸收，因为脂肪酸会与钙结合形成不溶性的钙盐，无法吸收，只能被排出体外。

嗜食腌制食品，盐摄入过量。腌制食品在制作时一般含有大量的盐，盐会影响钙的吸收，盐的摄入量越多，尿中排出的钙越多，钙的吸收也就越差。日常生活中浓油赤酱、重盐的饮食习惯会导致每日盐摄入过多。

经常吃草酸含量高的食物。菠菜、韭菜、苋菜等蔬菜里含有较多的草酸，草酸在肠道内会与钙结合成难以吸收的草酸钙。这些蔬菜烹调时建议先焯水，以去除草酸，增加钙的吸收。巧克力、咖啡、可乐等零食中的草酸含量较高，不宜多吃。

喝过多碳酸饮料。碳酸饮料中的碳酸会与体内的钙结合形成不溶性的碳酸钙，若经常饮用碳酸饮料，容易造成钙流失。此外，碳酸饮料中大都含有磷酸盐，体内磷酸盐过多也会影响钙的吸收。

长期不晒太阳。长期不晒太阳会使身体缺乏维生素D，不利于钙的吸收。

● 铁的流失

茶叶中含有鞣酸，鞣酸会与食物中的铁元素结合，生成难以溶解的物质，阻碍铁元素的吸收。

● 维生素 A 的流失

经常对着手机、电脑、电视等电子设备，眼睛要承受光线的强弱变化和闪动，会大量消耗能构成视网膜表面感光物质的维生素A。

● B 族维生素的流失

酒精代谢会消耗身体所储存的水溶性维生素，特别是B族维生素，大量饮酒消耗量更大，因此长期大量饮酒会造成体内B族维生素供应不足。煮饭时反复淘米，或经常吃精米精面，容易造成维生素B_1、维生素B_2缺乏。因为维生素B_1和维生素B_2主要存在于种子的外皮和胚芽中，如米糠和麸皮中B族维生素的含量很丰富，而大米经精致加工或反复淘洗，会导致维生素B_1、维生素B_2流失。

● 维生素 C 的流失

香烟中的焦油等物质不但是致癌物，还是维生素C的大敌，有抽烟习惯或经常吸到二手烟的人，体内的维生素C流失比较多。

● 维生素 E 的流失

大量的重负荷运动会造成身体维生素E的流失。在运动过程中，氧气的摄入和消耗都会增加，进而导致体内自由基增多。而维生素E可以消除自由基对人体细胞的侵蚀作用，运动过程中身体不得不消耗大量的抗氧化物质维生素E来修复多出来的自由基，此时容易导致维生素E流失。

一日三餐的营养标准

食物不仅是维持生命的基础，吃得合理、科学还能预防慢性病的发生，有助健康。一日三餐如何安排？需要怎样搭配？我们可以根据《中国居民膳食指南（2022）》了解一日三餐的营养标准。

按热量分配计算，一日三餐中，早餐的热量应占30%，午餐应占40%，晚餐应占30%，这样可保证一天的饮食平衡。《中国居民膳食指南（2022）》针对所有健康人群提出八条核心推荐：食物多样，合理搭配；吃动平衡，健康体重；多吃蔬果、奶类、全谷、大豆；适量吃鱼、禽、蛋、瘦肉；少盐少油，控糖限酒；规律进餐，足量饮水；会烹会选，会看标签；公筷分餐，杜绝浪费。

《中国居民膳食指南（2022）》对一日三餐的搭配提出以下建议：

日常膳食，我们应合理安排一日三餐，定时定量，每天吃早餐。有规律进食，做到饮食适度，不暴饮暴食、不偏食挑食、不过度节食。

- 坚持谷类为主的平衡膳食模式，每天的膳食应包括谷薯类、蔬菜水果、畜禽鱼蛋奶和豆类食物。
- 平均每天摄入12种以上食物，每周25种以上，合理搭配。
- 每天摄入谷类食物200～300克，其中包含全谷物和杂豆类50～150克，另外加薯类50～100克。

- 餐餐有蔬菜，保证每天摄入不少于 300 克的新鲜蔬菜，深色蔬菜应占 1/2。

- 天天吃水果，保证每天摄入 200 ~ 350 克的新鲜水果，果汁不能代替鲜果。

- 吃各种各样的奶制品，摄入量相当于每天 300 毫升以上液态奶。

- 经常吃全谷物、大豆制品，适量吃坚果。

- 鱼、禽、蛋类和瘦肉摄入要适量，平均每天 120 ~ 200 克。

- 每周最好吃鱼 2 次或 300 ~ 500 克，蛋类 300 ~ 350 克，畜禽肉 300 ~ 500 克。

- 少吃深加工肉制品，少吃肥肉、烟熏和腌制的肉制品。

- 培养清淡饮食习惯，少盐少油，控糖限酒，少吃高盐、高糖和油炸食品。成年人每天摄入食盐不超过 5 克，烹调油 25 ~ 30 毫升，糖最好控制在 25 克以下。

- 儿童青少年、孕妇、乳母以及慢性病患者不应饮酒。成人如饮酒，每天饮用的酒精量不超过 15 毫升。

- 足量饮水，少量多次。在温和气候条件下，低身体活动水平的成年男性每天喝水 1700 毫升，成年女性每天喝水 1500 毫升。推荐喝白开水或茶水，少喝或不喝含糖饮料，不能用饮料代替白开水。

需要补充营养剂吗?

随着生活水平的提高，形形色色的"营养品"已经成为人们养生保健、走亲访友的必需品。然而，面对市场上琳琅满目的营养品，很多人不免会问：营养补充剂真的能帮助身体补充不足的营养素吗？我们都需要营养补充剂吗？

　　众所周知，我们无法通过单一食物来满足人体全部的营养需求，但合理的食物种类和数量的增加能在很大程度上帮助我们解决营养不全面这一难题。一般情况下，普通人根据个人体质，并结合国家推荐的《中国居民膳食指南（2022）》中的建议，进行一日或一周的饮食安排，就能做到营养均衡。但是从事高强度工作的人群、孕妇或身体存在其他特殊情况的人群，又或者是所处环境饮食中缺乏某些重要营养素，此时便要借助营养补充剂来补充不足的营养素。

　　营养补充剂作为饮食的一种辅助手段，可用来补充人体所需的氨基酸、维生素、矿物质等。常见的营养补充剂包括补充维生素的维生素A胶丸、复合维生素片、维生素C片、维生素E片等，补充矿物质的钙剂、锌剂等，还有补充不饱和脂肪酸的鱼油丸以及补充必需氨基酸的口服液和注射液等。需要注意的是，营养补充剂不能代替普通食物或作为膳食的替代品，营养素也不是越多越好。水溶性维生素（如一些B族维生素和维生素C）摄入过量，还可以随尿液排出体外，但脂溶性维生素，如维生素A、维生素D、维生素E等，如果服用过量，不能随尿液排出体外，就会蓄积在体内，产生一些不良反应。

　　因为没有哪一款营养补充剂能完全替代人体所需的各种营养成分，所以对于健康人来说，建议通过均衡的膳食满足身体的营养所需，饮食摄入不够再考虑补充营养剂。

第②节

解读七大营养素

人体为了维持生命和健康，保证身体生长发育、体力活动和学习思维的需要，必须不断从食物中摄取必需的营养物质，这些营养物质包括蛋白质、脂肪、糖类、维生素、矿物质、水和膳食纤维，共七类，统称为人体必需的七大营养素。大部分人对这些营养素并不陌生，但对于它们的具体作用、如何获取等不十分了解，本节内容就带大家详细解读这七大营养素。

蛋白质：生命的物质基础

蛋白质是对人体而言最重要的营养素，因为蛋白质不仅是构成人体所有组织、器官的物质，还能为人体提供活动所消耗的能量。

● 蛋白质的生理功能

蛋白质能构成机体，修补组织。人体的所有组织器官都含有蛋白质，组织的生长、更新、修复依赖于充足的蛋白质。蛋白质在成人体内含量为16%～18%，仅次于水，可以说是生命的物质基础。

蛋白质是三大产能营养素之一，可以为人体提供能量。1克蛋白质可以产生4千卡的能量，蛋白质的供能比是10%～15%，即人体所需的热量有10%～15%是由蛋白质提供的。

蛋白质构成人体内重要生理活性物质。蛋白质参与体内重要物质的构成，从而完成特殊生理功能，例如酶和激素的催化调节功能、抗体的免疫功能、血红蛋白的运输功能、肌动蛋白的收缩功能等。

蛋白质能调节体液渗透压平衡。机体体液渗透压必须保持平衡，由矿物质和蛋白质的调节达到。蛋白质可以维持血管内外的渗透压平衡，当长期缺乏蛋白质时，血浆蛋白质含量下降，渗透压下降，血液中的水分便渗入周围组织，造成水肿。

● 蛋白质由氨基酸构成

氨基酸是组成蛋白质的基本单位，如果把蛋白质比作一堵墙，氨基酸就是砌墙的砖瓦。氨基酸按不同的顺序和构型组成不同的蛋白质，食物蛋白质的质量也是由它所含的必需氨基酸的数量来决定的。

存在于自然界中的氨基酸有300多种，但是构成人体蛋白质的氨基酸只有20种。在这20种氨基酸中，有8种氨基酸为必需氨基酸，它们在体内不能直接合成或合成速度远不能满足机体需要，必须从食物中获取。

氨基酸的种类、含量和比值越接近或符合人体组织蛋白质中各种氨基酸的需要量时，其营养价值越高。因此，我们在评价蛋白质的营养价值时，不但要看蛋白质的数量，更重要的是要看蛋白质的质量。一般来说，所含的必需氨基酸种类齐全、数量充足、比例适当，称之为完全蛋白质，即优质蛋白质。完全蛋白质不仅可以维持人体健康，还可以促进生长发育。完全蛋白质主要来源于如鱼、肉、蛋、奶等动物性食物，植物性食物中的大豆及其制品也富含完全蛋白质。

● 蛋白质并非越多越好

蛋白质对健康很重要，但也不意味着越多越好。正常情况下，人体不能储存蛋白质，如果摄入过多的蛋白质，体内蛋白质的分解增多，多余的蛋白质需要随尿液排出体外，就会增加肝脏和肾脏的负担，导致胰岛素敏感性下降、尿钙排泄量增加等不利的代谢变化，也会增加患骨质疏松症的风险。

蛋白质虽好，但也应避免一次性摄入大量高蛋白食物。对于健康人群而言，只要坚持正常饮食，一般不会发生蛋白质缺乏的情况。

脂肪：生命运转的必需品

经常有人说自己太胖了，血压高了，血糖高了，血脂也高了，所以很多人会认为脂肪对身体健康来说并不好。其实脂肪和蛋白质一样，都是身体所不可或缺的营养素。

脂肪俗称油脂，由碳、氢和氧元素组成。它既是人体组织的重要构成部分，又是三大产能营养素（蛋白质、脂肪和糖类）之一，是人体能量的重要来源。它主要分布在人体皮下组织、大网膜、肠系膜和肾脏周围等处。

● 脂肪的主要生理功能

脂肪能提供能量

脂肪产热较高，释放的热量是蛋白质或糖类的2.25倍。正常人体每日所需热量有25%～30%由摄入的脂肪提供。

脂肪能储存能量

脂肪是人体主要的储存能量的方式。人体的脂肪细胞可以储存大量脂肪，当摄入的能量超过所消耗的能量时，就会以脂肪的形式在体内储存；当能量摄入不足时，脂肪再通过氧化产能供机体消耗。

脂肪能提供必需脂肪酸

必需脂肪酸是细胞的重要构成物质，在体内具有多种生理功能，能促进发育，维持皮肤和毛细血管的健康，并与精子的形成、前列腺的合成及胆固醇的代谢都有密切关系。

脂肪有保护身体组织的作用

脂肪是器官、关节和神经组织的隔离层，可避免各组织相互间的摩擦和震荡，对重要器官起保护和固定作用，使人体器官免受外界环境损伤。

脂肪有助于维持体温

人体皮下都有一层脂肪，而脂肪的导热性较差，能防止体内热量耗散，可以维持体温恒定。

脂肪能促进脂溶性维生素的吸收

脂肪是脂溶性维生素的载体，如果摄入的膳食中缺少脂肪，将影响脂溶性维生素的吸收和利用。

脂肪还可以增加饱腹感，延长胃排空时间

由于脂肪在人体胃内停留时间较长，因此摄入含脂肪高的食物，可使人体有饱腹感，不易饥饿。

● 如何区分饱和脂肪和不饱和脂肪

食物中的脂肪是一种三酰甘油，由三分子脂肪酸和一分子甘油组成，其中甘油的分子比较简单，而脂肪酸的种类和长短却不相同，因此脂肪的性质和特点主要取决于脂肪酸。一般来说，脂肪酸可以分为饱和脂肪酸、不饱和脂肪酸，其基本区别在于脂肪的分子结构。

饱和脂肪酸

饱和脂肪是由饱和脂肪酸和甘油形成，其脂肪酸分子中不含有不饱和双键，即以单链连接。饱和脂肪酸的每个碳原子都与2个氢原子相结合，由于烷基结构规整，分子间作用力强，因而熔点较高，室温下一般呈固态。

大部分饱和脂肪酸的来源为动物性脂肪，如牛肉、羊肉、猪肉；但有些植物油也是饱和脂肪的主要来源，如椰子油和棕榈油。

不饱和脂肪酸

不饱和脂肪酸是指脂肪酸中含有1个或1个以上的双键，每个碳原子只与1个氢原子结合。不饱和脂肪酸包括单不饱和脂肪酸和多不饱和脂肪酸，单元不饱和脂肪酸只有1个双键，而多元不饱和脂肪酸则含有2个或2个以上双键。脂肪酸的不饱和程度越高，即双键数量越多，其过氧化的可能性越高，所以单元不饱和脂肪酸的稳定性比多元不饱和脂肪酸高。单元不饱和脂肪酸以橄榄油、

芥花油、菜籽油、杏仁、花生中的含量较高。多元不饱和脂肪酸分成ω-3与ω-6两个系列。ω-3包括EPA和DHA、α-亚麻酸。EPA和DHA主要来源是富含油脂的鱼，如鲔鱼、鲣鱼、鲑鱼；而含α-亚麻酸的主要是蔬菜油，例如大豆油、菜籽油、亚麻仁油等。

不饱和脂肪酸中至少含有一个反式构型双键的不饱和脂肪酸称为反式脂肪酸。据目前的研究看来，反式脂肪酸对人体健康没有益处，也不是人体所必需的，如果体内反式脂肪积累过多，容易造成肥胖，导致记忆力下降，影响生育，还会增加患心血管疾病的风险。反式脂肪酸主要存在于奶油制品、蛋糕、烧烤及油炸食物中。

优先选不饱和脂肪酸

饱和脂肪酸的主要作用是为人体提供能量，但人体的需求量并不多，若饱和脂肪摄入过多，容易引发肥胖、动脉硬化等问题，增加高脂血症、高胆固醇及心脑血管疾病的风险。

不饱和脂肪酸是人体不可缺少的脂肪酸，有利于改善血液循环、增强脑细胞的活性，摄入不足会影响记忆力和思维力，对婴幼儿将影响智力发育，对老年人将产生老年痴呆症；但若摄入过量则会干扰人体对生长因子、细胞质、脂蛋白的合成，易引发肿瘤。

因此，无论是饱和脂肪酸还是不饱和脂肪酸都具有两面性，任何一种脂肪对健康是否有益的关键在于其摄入量是否适当、摄入比例是否合理均衡，我们更加应该着重强调的是膳食结构。在日常生活中，可以优先选择不饱和脂肪酸含量高的食物，但不用刻意地规避饱和脂肪酸的摄入。当然，对人体健康无益的反式脂肪酸则应尽量减少摄入量。

糖类：能量来源

糖类是人类及一切生物体维持生命活动所需能量的主要来源，更能为大脑提供源源不断的能量，以保持脑部的正常发育和运作。糖类也是构成细胞和组织的重要成分，每个细胞都有糖类，其含量为2%~10%。

糖类是三大产能营养素之一，是人体最主要的供能营养物质，与蛋白质、脂肪相比，糖类是最容易被吸收进而转化为能量的营养素。

● 糖类的主要生理功能

供给能量

糖类是机体获取能量的最主要的来源，能够给机体提供热能，储存能量。

构成细胞和组织

糖类是构成集体组织的重要物质，并参与细胞的组成和多种活动。每个细胞都有糖类，细胞和组织需要糖类以糖脂、糖蛋白和蛋白多糖等形式参与构成，如细胞膜中的糖蛋白、神经组织中的糖脂等。

蛋白质节约作用

当糖类供给充足时，可减少蛋白质作为能量的消耗，使更多的蛋白质参与构成组织、调节生理机能等，具有节约蛋白质的作用。

维持脑细胞功能

葡萄糖是维持大脑正常功能的必需营养素，而糖类中的葡萄糖是维持大脑能量的唯一来源，参与细胞和组织的构成，维持脑细胞的正常功能。

抵抗酮体

体内的糖类提供能量充足，可以防止脂肪转化能量，减少脂肪代谢产物酮体蓄积，预防酮症酸中毒。

● 糖类的主要食物来源

糖类的来源较为广泛，存在于日常生活中很多常见的食物中，很容易获得。而且糖类可以被身体的所有组织直接利用，包括大脑和神经系统。

日常生活中，补充糖类提供能量的最好来源是米饭、米粉、面条、馒头、包子等主食。不过，为了营养更全面，我们应当尽量选择糙米或胚芽米，或适当吃一些粗粮，如玉米、燕麦、小米等，以补充B族维生素和矿物质的不足。需要注意的是，这些高淀粉含量的食物应当在煮熟的情况下食用，而且煮熟后不能放凉。因为淀粉煮熟之后有利于消化吸收，放凉之后会增加其抗性淀粉的含量，抗性淀粉比其他淀粉更难降解，在体内消化缓慢，吸收和进入血液都较缓慢，不易被人体吸收。

维生素：维持生命的要素

维生素在体内的含量很少，但不可或缺，它虽然不参与构成人体细胞，也不为人体提供能量，但是对机体中总的新陈代谢产生巨大的功效，在人体生长、代谢、发育过程中发挥着重要的作用，对人体的新陈代谢起着一定的调节作用，是维持生命、保证健康、促进生长、增强机体抵抗力、调节生理机能不可缺少的营养元素。维生素一般不能在人体内合成，需要通过饮食获取。

● 维生素的主要生理功能

维生素包括维生素A、B族维生素、维生素C、维生素D、维生素E和维生素K等。

维生素 A

可以维持正常的视觉反应，维持上皮组织的正常形态与功能，维持正常的骨骼发育等。动物性食物如肝脏、肾脏、鱼肝油、黄油、蛋黄等就含有丰富的维生素A。黄绿色蔬菜水果也富含β-胡萝卜素，日常可食用芒果、胡萝卜、芦笋、韭菜、西蓝花等来补充维生素A。

B 族维生素

B族维生素包括维生素B_1、维生素B_2、维生素B_3、维生素B_5、维生素B_6、维生素B_9、维生素B_{12}等。由于其有很多共同特性以及需要相互协同作用，因此被归类为一族。

维生素B_1又称硫胺素，主要参与糖的分解代谢，可维持神经、消化、肌肉、循环系统的正常活动，增进食欲，维持肌肉的弹性，维持正常的消化腺分泌和胃肠道蠕动，从而促进消化。维生素B_1主要存在于种子的外皮和胚芽中，如米糠和麸皮中的含量就很丰富。此外，所有谷类、干果和豆类中，动物肝脏、瘦肉与白菜、芹菜中的含量也较丰富。

维生素B_2又称核黄素，能促进细胞再生，增强视力，并能与其他物质结合，从而影响生物氧化和新陈代谢。维生素B_2广泛存在于植物性和动物性食物中，其中动物性食物中维生素B_2的含量比植物性食物高，特别是在动物内脏、蛋类食物、乳制品中，豆类食物、绿叶蔬菜中含量也较为丰富。

维生素B_3又称烟酸，是维系神经系统健康和脑功能正常工作不可忽视的一大营养素，对治疗癞皮病有很好的疗效。维生素B_3主要存在于动物肝、肾、奶、蛋及酵母、花生、全谷、豆类等食物中，有色蔬菜中也含有维生素B_3。

维生素B_5又称作泛酸，能帮助蛋白质、脂肪和糖类的分解，具有制造抗体的功能，在保护头发、皮肤及血液健康方面亦扮演着重要角色。未精制的谷类、绿叶蔬菜、坚果、动物内脏等都是维生素B_5的良好食物来源。

维生素B_6又称吡哆醇，是人体内某些辅酶的组成成分，参与多种代谢反应，尤其与氨基酸代谢有密切关系。维生素B_6来源广泛，一般不易缺乏，在谷类、豆类、肉类、肝脏、牛乳、蛋黄、酵母、鱼中含量较丰富。

维生素B_9即叶酸，它是细胞分裂生长及蛋白质合成不可缺少的物质，也是胎宝宝生长发育必需的营养素之一。叶酸广泛存在于各种动植物食品中，如动物肝脏、蛋类、鱼类、绿叶蔬菜、柑橘和香蕉等。

维生素B_{12}也叫钴胺素，有"血液保护神"之称，能提高叶酸的利用率，还能促进红细胞的发育和成熟，有改善神经系统疾病、促进人体代谢以及保护皮肤等作用。植物性食物中几乎不含维生素B_{12}，平时可以多吃一些动物性食物，如肉类（鸡肉、瘦肉、鱼肉等）、蛋类及乳制品等来补充维生素B_{12}。

维生素C

维生素C具有较强的还原性，可以对抗身体内的氧化性物质，可以促进胶原形成，对受损的组织进行修补，促进脂肪和蛋白质的合成，还可以促进葡萄糖的利用。此外，维生素C还可以促进铁的吸收，加速血液凝固、促进血脂下降，还可以增强机体免疫力、对抗感染等。维生素C的主要食物来源是新鲜蔬菜与水果，在茼蒿、苦瓜、菠菜、土豆、韭菜、鲜枣、草莓、柑橘、柠檬等中的含量丰富。

维生素D

维生素D能促进钙的吸收，促进骨骼钙化及牙齿的正常发育，对机体的钙磷代谢和骨骼生长发育极为重要。维生素D有着"阳光维生素"的美誉。研究显示，只要每天接触半小时的阳光，就能满足人体对维生素D的需求量。海鱼、动物肝脏、蛋黄、乳酪、坚果等含有较丰富的维生素D。

维生素E

维生素E又叫生育酚，对生殖能力的促进作用很明显，能够促进性激素分泌，使男性的精子活力升高，女性雌激素浓度升高，提高生育能力，预防流产，还能够保护血液健康和心血管系统。维生素E也是最主要的抗氧化剂之一，能清除自由基，具有抗衰老、增强免疫力等作用。含维生素E的食物有果蔬、坚果、瘦肉、乳类、蛋类、压榨植物油等，其中植物油是维生素E最好的食物来源。

> ### 维生素K
>
> 维生素K也叫凝血维生素，具有防止新生婴儿出血疾病、预防内出血及痔疮、减少生理期大量出血、促进血液正常凝固等作用。维生素K还参与骨代谢，属于骨形成的促进剂，有明确的抗骨质疏松作用。深绿色蔬菜及优酪乳是维生素K的主要食物来源，如莴笋、圆白菜、菠菜、芦笋、芹菜等。

● 如何区分脂溶性维生素和水溶性维生素

维生素的种类很多，根据其溶解性可分为脂溶性维生素和水溶性维生素。

脂溶性维生素可溶于脂肪或脂溶性溶剂（如苯、乙醚、氯仿等）而不溶于水，人体对这类维生素的消化吸收必须有脂肪的参与，吸收后在体内贮存。此类维生素有维生素A、维生素D、维生素E和维生素K等。

水溶性维生素可溶于水而不溶于脂肪或脂溶性溶剂，吸收后体内贮存很少，过量的会从尿中排出。此类维生素有维生素B_1、维生素B_2、维生素B_3、维生素B_6、叶酸、维生素B_{12}以及维生素C等。

矿物质：人体必需元素

矿物质又称无机盐，是构成人体组织和维持正常生理功能必需的各种元素的总称。虽然矿物质在人体内的总量不及体重的5%，也不能提供能量，但机体每天都需要一定数量的矿物质来参与新陈代谢。此外，矿物质还是维持机体酸碱平衡和正常渗透压的必要条件。

根据矿物质在机体内的含量，可将其划分为宏量元素和微量元素。宏量元素在人体总重量中所占比例较大，一般是指在机体内含量占体重0.01%以上的元素，包括钙、磷、钾、硫、氯、镁和钠等7种；微量元素在人体总重量中所占比例较小，一般是指占人体总重量0.01%以下的矿物质，有铁、锰、锌、铜、碘、硒、氟、钼、铬、镍、锡、钒、硅及钴等14种，它们是酶系统或蛋白系统的关键成分，可激活人体新陈代谢中多种物质的活性，调整人体的生理机能，是人体的必需微量元素。

● 钙

钙是人体中含量最多的矿物质组成元素，约占人体重量的1.4%。健康成人体内钙总量为1000~1300克，占体重的1.5%~2.0%。其中99%的钙以骨盐形式存在于骨骼和牙齿中，1%的钙分布在血液、细胞间液及软组织中。钙是骨骼构成的重要物质，也是人体神经传递、肌肉收缩、血液凝结、激素释放和乳汁分泌等所必需的元素，人体中钙含量不足或过剩都会影响生长发育和身体健康。

奶和奶制品含有丰富的矿物质和维生素，含钙量大而且容易吸收，虾皮、海带等也是补钙的佳品。此外，补钙的同时要注意补充维生素D，因为维生素D是钙被骨髓吸收的助推器，钙的吸收需要维生素D的帮忙，可以多吃含维生素D丰富的食物，如猪肝、羊肝、牛肝，来促进钙的吸收。

● 铁

铁是人体必需的微量元素，参与氧气的运输和储存，红细胞中的血红蛋白是运输氧气的载体，而铁是血红蛋白的重要组成成分。铁参与红色肌肉色素肌红蛋白的合成，肌红蛋白负责把氧气贮藏进肌肉，并在需要时将它释放出来。铁还可以促进发育，增加抵抗疾病的能力，调节组织呼吸，防止疲劳，构成血红素，预防和治疗因缺铁而引起的贫血，使皮肤恢复良好的血色。

食物中的铁以血红素铁和非血红素铁的形式存在。血红素铁主要来自肉、禽和鱼类的血红蛋白和肌红蛋白，吸收率为10%～20%；非血红素铁主要存在于植物性食物中，吸收率仅为5%。含血红素铁较多的食物有动物血、肝脏、瘦肉（如牛肉、羊肉、猪肉）等。植物性食品中含铁较高的有豆类、木耳、芝麻酱等。

● 锌

锌在人体内的含量以及每天所需摄入量都很少，但对机体的性发育、性功能、生殖细胞的生成却能起到举足轻重的作用。锌还能促进人体的生长发育和组织再生，维持人体正常食欲，增强人体免疫力，促进伤口和创伤的愈合等。

牡蛎、扇贝、猪肝、牛肉、小麦胚芽、山核桃、干香菇等食物中富含锌。除了食用一些富含锌的食物外，也可以在医生的指导下服用补锌制剂来补充锌元素。

● 磷

磷在人体内的含量仅次于钙，存在于人体所有细胞中，是维持骨骼和牙齿的必要物质，几乎参与所有生理上的化学反应。磷还是使心脏有规律跳动、维持肾脏正常机能和传达神经刺激的重要物质。人体内约80%的磷集中于骨骼和牙齿，其余的分布于全身各组织及体液中，其中一半存在于肌肉组织。在骨骼的发育与成熟过程中，钙和磷的比例最好维持在2：1，如果磷元素的含量升高，容易导致大量的骨钙流失到血液中，从而引起缺钙。

磷在食物中含量丰富，一般不易缺乏。

● 钠

钠离子是细胞外液中的主要阳离子，在维持神经、肌肉应激性和细胞膜通透性上起着重要作用。如果体内钠盐积聚过多，细胞渗透压就要变动，人体为了保持一定的渗透压，就会吸收大量的水分，整个血液的容量也就增多，从而使心脏负荷过重，诱发或加重心力衰竭症状。钠过多还会使血压升高，促使肾脏细小动脉硬化过程加快，因此不论是高血压还是心脏病，都必须在饮食中控制钠的摄入量。

膳食中钠的来源多样，酱油、味精等高钠调味品，还有含钠的加工食品，如咸菜、咸鱼、香肠等，含钠量都较高。

● 钾

钾元素被称为"生命元素"，是人体不可缺少的营养元素之一，它在机体内主要存在于细胞内液中，可以调节细胞内适宜的渗透压和体液的酸碱平衡，参与细胞内糖和蛋白质的代谢，有助于维持神经健康、心跳规律正常，可以预防中风，并协助肌肉正常收缩。钾还能预防高血压等慢性病，并有助于防止钙流失。缺钾会引起肌肉乏力、心律失常、消化不良等，严重者可能危及生命。出汗太多、运动量大、饮食不均衡等都可能导致身体缺钾。

乳制品、水果、蔬菜、瘦肉、内脏、香蕉、葡萄干中都含有丰富的钾。

● 碘

碘是甲状腺激素的主要成分，是维持人体甲状腺正常功能所必需的元素。碘的摄入可帮助甲状腺激素的产生，而甲状腺激素能调节体内的基础代谢，维持人体的生长发育，促进三羧酸循环中的生物氧化过程，维持脑正常发育和骨骼生长，保持身体健康。缺碘时可出现甲状腺肿大，孕妇早期缺碘可使小儿生长发育迟缓、智力低下、聋哑、身体矮小。碘缺乏是目前已知导致人类智力障碍的原因之一，因此碘有着"智力元素"的称号。

碘的膳食来源主要为海带、紫菜、海蛤及海蜇等海产品。有的食物本身含有抗甲状腺素物质，如圆白菜、菜花、芥蓝、胡萝卜、木薯等。高碘同低碘一样会危害人体健康，长期过量摄入碘可能导致甲状腺功能减退症、自身免疫甲状腺病等。

● 镁

镁是细胞内液的主要阳离子，在细胞外液中仅次于钠和钙居第三位，是体内多种细胞基本生化反应的必需物质，与钙、钾、钠一起和相应的负离子协同维持体内酸碱平衡和神经肌肉的应激性，保持神经肌肉兴奋与抑制平衡。镁与钙、磷一起构成骨盐。钙与镁既协同又拮抗，当钙不足时，镁可略微代替钙；当摄入镁过多时，会阻止骨骼的正常钙化。镁是多种酶

的激活剂，在体内许多重要的酶促反应中，镁像辅基一样起着决定性的作用。镁离子浓度降低，可阻止脱氧核糖核酸的合成和细胞生长，减少蛋白质的合成与利用，降低血浆白蛋白和免疫球蛋白含量。镁还是心血管系统的保护因子，为维护心脏正常功能所必需。缺镁易发生血管硬化，使心肌受损。

镁的膳食来源主要是植物性食物，粗粮、大豆、坚果及绿叶蔬菜中均含丰富的镁，动物性食品、精制加工的食品及油脂中的镁含量较低。

● 硒

硒遍布于各组织器官和体液中，肾中浓度最高，在组织内主要以硒和蛋白质结合的复合物形式存在。硒浓度的平衡对许多器官、组织的生理功能有着重要的保护和促进作用，对提高免疫力和预防癌症非常重要。硒还能催化并消除对眼睛有害的自由基物质，从而保护眼睛的细胞膜。硒也是维持心脏正常功能的重要元素，对心脏有保护和修复的作用。

海产品、食用菌、肉类、禽蛋、西蓝花、大蒜等食物中含硒量较高。营养学家也提倡通过硒营养强化食物补充有机硒,如富硒大米、富硒鸡蛋等。

水:生命之源

水是人体的重要组成部分,是人体维持生命活动最基本的物质基础。婴幼儿体内的含水量占体重的70%~80%,随着年龄的增长,人体内的含水量也会逐渐减少,一般成人体内的含水量占体重的60%左右。水参与体内一切物质的新陈代谢,维护正常的细胞功能。人体的许多生理活动都离不开水,如消化、吸收、分泌和排泄等。

● 水的主要生理功能

水是构成细胞和体液的重要成分

水广泛分布在细胞内外,构成人体的内环境。水在细胞中约占60%,在血浆和体液中占80%以上,而在肌肉中约占75%。

水是营养素和代谢产物的溶剂

所有的营养素和代谢产物都溶解于水中才能发挥正常功能,水将营养素输送到身体各部位,发挥各种生理功能,也将代谢产生的二氧化碳、尿素等排出体外。

水具有调节体温的功能

在气温较高的时候,人体可以通过排汗带走大量热量,从而将体温控制在合适的范围内。

水是体内的重要润滑剂

水在关节、脏腑和组织之间起着缓冲、润滑和保护等作用。

● 人体对水的需求量

人体对水的需求量受年龄、膳食、活动情况、外界温度及机体健康状况等诸多因素的影响。机体水的来源包括三个方面：饮用水、食物水和代谢水。

- 饮用水是人体获取水的主要来源，包括白开水、各种饮料和液态食物。
  一般轻体力活动的情况下，人们对饮用水的需要量女性每天约1500毫升，男性每天约1700毫升。但是不同人群在不同季节、不同状态下，对水摄入量的要求会有所不同。
- 食物水指人体摄取各种食物而得到的水分，随食物种类而含量各异。
  一般来说，成年人每天随食物摄入的水量为700～900毫升。
- 代谢水是指人体消化代谢日常饮食中摄入的蛋白质、脂肪、糖类所产生的水，每天产生的量约为300毫升。

水既是营养素进入人体细胞的载体，也是体内废物和毒素排出人体细胞的运送者，因此正常人水的需要量与排出量应保持动态平衡。一般来说，健康成人每天要从体内排出约2.5升的水，因此，为了保持体内水分的平衡，每天的摄入量也应保持在2.5升左右。

● 如何正确喝水

喝水是给人体补充水分最切实易行的方法，那我们该怎样正确地饮水呢？

喝水应遵循"主动、少量、多次"的原则。主动是指要有意识地喝水，不要觉得口渴了才喝水，此时身体已经处于缺水状态；少量是指每次喝水小口喝，别大口大口地灌，小口喝水比大口灌水更有利于人体吸收；多次是指可以每隔二三十分钟喝一次，或根据天气的寒热来减少或增加喝水次数。

此外，喝水有四个最佳时间，即每天清晨起床后、上午10点左右、下午4点左右以及晚上就寝前。早晨起床后喝一杯水，有利于促进肠道与血管内废物排出，提高身体的新陈代谢能力，同时补充晚上睡觉时消耗的水分；上午10点和下午4点左右各喝一次水，以补充上午和下午人体活动所消耗的水分；晚上就寝前一小时内喝一次水，可以补充夜间睡眠消耗的水分。

我们都知道喝水太少会对身体不好，但如果长期过量喝水也会增加肾脏和心脏的负担，还有可能影响食欲，造成营养不足，甚至水中毒。因此，喝水也要注意适量。

膳食纤维：疾病克星

膳食纤维其实是一种多糖，从化学结构上看属于碳水化合物，但又与糖类不同，因为它既不能被人体消化吸收，也几乎不能给人体提供能量，被认为是一种"无营养物质"。但随着营养学和相关科学的深入发展，人们逐渐发现了膳食纤维具有相当重要的生理作用，并被营养学界补充认定为第七类营养素。

● 膳食纤维的主要生理功能

增加饱腹感，预防肥胖

膳食纤维不能被人体消化、吸收和利用，通常直接进入大肠，在通过消化道的过程中能够吸水膨胀，增加饱腹感，进而能够避免过多食物的摄入，能有效预防肥胖。

预防便秘

膳食纤维通常直接进入大肠，刺激和促进肠蠕动，使粪便易于排出，降低了大肠内的压力，能有效预防便秘。

促进肠道菌群平衡，预防肠道肿瘤

膳食纤维有吸水膨胀的特性，可增加食糜的体积，刺激胃肠道蠕动，软化粪便，从而减少粪便在肠道中的停留时间及粪便中的有害物质与肠道的接触，可以预防肠道疾病。膳食纤维还可被肠道微生物利用，促进肠道菌群平衡，预防肠道肿瘤。

控制血糖和血脂，预防心血管疾病

膳食纤维能够延缓糖类的吸收速度，减少体内糖的代谢，进而控制血糖的升高；还能增加胆盐排出和降低胆固醇浓度，有利于维持正常的血脂指标，有利于预防和控制心血管疾病。

● 膳食纤维的主要食物来源

膳食纤维主要来源于植物性食物，如根茎类和绿叶类蔬菜、水果、谷类、豆类等均富含膳食纤维。

膳食纤维根据是否能溶于水，分为可溶性膳食纤维和不可溶性膳食纤维。可溶性膳食纤维可以溶于水中，能预防便秘，还能调整糖类和脂肪的代谢，具有降低血糖和胆固醇的作用。蔬菜和水果中的果胶、魔芋和芦荟中的甘露聚糖、海藻中的海藻酸等都是可溶性膳食纤维。不可溶性膳食纤维是指不能溶于水的膳食纤维，纤维素、半纤维素和木质素是三种最普遍的不可溶性膳食纤维，常存在于植物的根、叶、皮、茎、果中，谷类、根茎类蔬菜中的含量较多。

第❸节 🥄

学点营养学，避免走进吃的误区

营养是身体健康的基础，合理的膳食可以预防疾病的发生。但医学上也有"病从口入"之说，认为饮食也会导致人体疾病的发生。同一种食物，既是生命的基本保障，也有可能对我们的健康不利。食物要怎样吃才营养？吃什么对身体好？只有对这些问题进行探究，才能让我们远离吃的误区，越吃越健康。

三餐应合理分配

一般来说，一日三餐的主食和副食应该粗细搭配，动物性食物和植物性食物要有一定的比例，最好每天吃些豆类、薯类和新鲜蔬菜。按热量分配计算，一日三餐中，早餐的热量应占30%，午餐应占40%，晚餐应占30%，这样便可保证一天的饮食平衡。

● 早餐不仅要吃，还要吃好

随着社会的发展，生活节奏越来越快，很多人特别是年轻人直接把早餐省略不吃了。其实这是一种不正确的做法，早餐对身体来说很重要。不吃早餐容易导致便秘、肥胖等，也易引起胆结石、心脑血管疾病以及消化道疾病等。

早餐不仅要吃，而且要吃好，各种营养都要摄入。按成人计算，早餐的主食量应在150～200克之间，热量应为700千卡左右。当然，从事不同劳动强度及年龄不同的人所需的热量也不尽相同。就食量和热量而言，早餐应占不同年龄段的人一日总食量和总热量的30%为宜。主食一般应吃含淀粉的食物，如馒头、豆包、面包等，还要适当吃一些富含蛋白质的食物，如牛奶、豆浆、鸡蛋等，再配一些小菜。

● 午餐的重要性居三餐之首

午餐在一日三餐中是最重要的，为人体一天的体力活动和脑力活动提供能量。所以午餐不只要吃饱，更要吃好。

由于上午体内热能消耗较大，午饭后还要继续工作和学习，因此午餐热量应占每天所需总热量的40%。午餐的糖类要足够，这样才能提供脑力劳动所需要的糖分。主食根据三餐食量配比，应在150～200克，可在米饭、面制品（馒头、面条、大饼、玉米面发糕等）中间任意选择。副食在240～360克，以满足人体对无机盐和维生素的需要。副食种类的选择很广泛，如肉、蛋、奶、禽类、豆制品类、海产品、蔬菜类等，按照科学配餐的原则挑选几种，相互搭配。一般宜选择50～100克的肉禽蛋类，50克豆制品，再配上200～250克蔬菜。但是，中午要吃饱不等于要暴食，一般吃到八九分饱就可以。

● 晚餐早点吃，少吃点

晚餐吃得太晚，不但容易诱发肥胖、脂肪肝等健康问题，对我们的消化系统和心脑血管系统也有很大损伤，因此晚餐早点吃更有益健康。一般来说，在睡觉前4小时把晚餐吃完为最佳。晚餐后基本上没有多余的活动，热量消耗少，所以晚餐的热量应向早餐看齐，进食量甚至可以比早餐更好些，达到七分饱即可。

晚饭应以谷薯类、蔬菜、菌藻类、豆制品和鱼禽类等营养均衡、低热量、易消化的食物为主，脂肪类吃得越少越好。

晚餐少吃点不等于不吃，不吃晚餐同样有损于身体健康。晚上时间较长，不吃晚餐会使机体处于"低消耗"状态，时间长了，调节机体代谢的相关机制会发生改变，表现为基础代谢率降低、肌肉分解、脂肪重新分布、抵抗力下降等。如果不吃晚餐，早餐和午餐的食量就会增加，过于集中的能量遇上基础代谢下降的身体，容易引起肥胖、脂肪肝等。

暴饮暴食伤身体

暴饮暴食是指在短时间内进食大量食物，超过胃肠功能的负荷。在日常生活中，这个标准难以衡量，我们可以用一个简单的方法来判断。如果觉得自己已经"吃撑"了，便已经到了暴饮暴食的临界点；等到"撑得难受"的时候，就已经是暴饮暴食了。

当今社会，物质丰富，可以选择的食物种类越来越多，随着工作和生活压力的增加，各种关于饮食的不良后果也在逐渐暴露出来，一个比较突出的症状就是暴饮暴食。经常暴饮暴食会给身体带来很多不良后果：

导致胃肠功能紊乱。经常暴饮暴食会造成胃黏膜受损，引起胃肠疾病，如胃穿孔、胃糜烂、胃溃疡、肠胃炎等。

导致肥胖。现代人常吃高脂肪、高蛋白的食物，加之经常暴饮暴食，导致所摄取的能量过剩，这些过剩的能量储存在体内形成脂肪，长期如此就会导致肥胖。肥胖易引起高脂血症、高血糖、高血压、脂肪肝、动脉硬化等。

引发肾病。饮食过量会伤害人的泌尿系统，因为过多的非蛋白氮要从肾脏排出，势必加重肾脏的负担。

此外，长期饱食会引起大脑反应迟钝，加速大脑的衰老，也易使骨骼过分脱钙，患骨质疏松的概率会大大提高，还有可能引发急性胰腺炎、急性胆囊炎、急性阑尾炎等。

● 如何预防暴饮暴食

暴饮暴食的危害如此之大，我们应该如何远离这个坏习惯呢？

- 吃饭不分心，速度也不要过快。吃饭时分心就无法及时接收到大脑传递的信息，感觉不到饱，很容易多吃。

- 要定时进餐，并且最好在肚子尚饱的时候吃，如果等到很饿了再进食，容易吃太多。

- 调节饮食习惯，多吃清淡的食物，清淡饮食可以防止因为食欲大增而出现暴饮暴食的情况。

- 少食多餐。少食多餐可以有效防止一次性吃太多。

- 吃饭前适当运动也有利于预防暴饮暴食。运动之后人体的血糖会有一定的升高，这样能防止食欲大增，出现暴饮暴食的状况。

- 保持良好心态，懂得拒绝诱惑。有的人压力大、心情不好时，就会暴饮暴食。吃东西并不是唯一的方法，有压力或情绪不好时可以选择有利于身心健康的排解方法，而不是用暴饮暴食来发泄。

"重口味"危害大

"重口味"主要指高盐、高脂的饮食，这类饮食的味道比较重，更能刺激我们的食欲。但是过量的盐、烹调油的摄入会带来很多健康问题。

盐是一种不可或缺的调味品，它的主要成分是氯化钠，每克盐中含钠约400毫克，人体缺钠则会感到头晕、乏力，出现食欲不振、心率加快、脉搏细弱、肌肉痉挛、头痛等症状，长期缺钠易患心脏病，并可以导致钠综合征。但过犹不及，摄入过量的盐对身体的危害也很大。研究表明，人体过量摄入钠后，钠离子会使细胞储存过多水分而不能及时排出体外，造成血容量大幅增加，使血液对外周血管的压力加大，血压升高。此外，钠摄入过多还会使机体发生一系列复杂的生理生化改变，造成血管收缩、痉挛，这也会直接导致血压升高。高盐饮食还可以改变血压昼高夜低的变化规律，变成昼高夜也高，发生心脑血管意外的危险性大大增加。因此，《中国居民膳食指南（2022）》建议成年人每人每天的食盐摄入量应该不超过6克，这里的6克不仅仅指食盐，还包括其他含盐调料和食品中的盐量。

烹调油包括动物油和植物油，主要成分是脂肪，脂肪为人体提供能量，是细胞的重要组成成分，食物中的脂肪能促进脂溶性维生素的吸收。但是烹调油是一种高能量的食物，摄入过多就会导致体内能量过剩，这些过剩的能量没有消耗掉就会累积下来，变成脂肪储存在体内，日积月累就可能产生超重甚至肥胖。肥胖是高脂血症、高血压、糖尿病、动脉粥状硬化、冠心病、脑卒中等慢性病的直接诱因。

人的口味是逐渐养成的，也是可以改变的。日常饮食口味偏重的人，要强化健康观念，改变烹饪和饮食习惯，减少盐、油等调味料的用量。想要适应清淡的饮食，除了要减少盐、油的摄入，可以充分利用食物本身的味道，搭配出不同口感、色泽的美味菜肴；也可以选择新鲜食材，用蒸、煮等方法保留原汁原味；还可以在烹调时多用醋、柠檬汁、香料、姜等调味，替代一部分盐和酱油等。

清淡饮食并不是不吃盐

前文中我们提到盐摄入过多会给身体带来危害，而清淡饮食更有利于健康。但也需要提醒大家，清淡饮食并不等同于不吃盐。盐作为常用的调味品，不仅能使菜肴的味道更具滋味，还在维持神经和肌肉的正常兴奋性、维持人体渗透压的平衡与其他的生理需求上有着重要作用，人体缺钠则会感到头晕、乏力，出现食欲不振、心率加快、脉搏细弱、肌肉痉挛、头痛等症状，长期缺钠易患心脏病。因此，适量盐的摄入是相当有必要的。

从营养学角度来说，清淡饮食是在膳食平衡、营养合理的前提下，口味比较清淡的饮食，主要表现为"四少"，即少油、少糖、少盐、不辛辣。这样既能最大程度地保存食物的营养成分，又能品尝食物的原汁原味，还可以保证人体消化系统的正常运行，确保营养的吸收和废物的排出，有助于养生、防病。这与很多人观念中的"清淡"是不相符的。

《中国居民膳食指南（2022）》建议成人每日摄入盐量应不超过6克，而数据显示我国人均每天盐摄入量已达12克。由此看来，学会控盐是很有必要的。但控盐不等于不吃盐，而是指少吃盐。养成清淡饮食习惯，有利于控制盐的摄入。

睡前进食害处多

睡前吃东西是现代人，尤其是年轻人常见的一个坏习惯。有时加班晚了，回到家已经晚上九十点钟了，赶紧找点吃的，吃完睡意袭来，倒头便睡。久而久之形成了习惯，即使不加班、不饿，睡前也想找点吃的填填肚子。睡前进食的害处颇多：

其一，睡前进食会增加胃肠道负担，很可能引发胃病。一般来说，胃黏膜上皮细胞的寿命很短，2～3天就要新生一次，而再生修复的过程一般是在夜间胃肠休息时进行的。如果经常在睡前进食，胃肠在夜间就得不到很好的休息和调整，胃黏膜的再生和修复就不能顺利进行。吃过夜宵再睡觉，食物会较长时间在胃内停留，这可促进胃液的刺激，久而久之，就会出现胃黏膜糜烂、溃疡，还会增加患胃癌的风险。

其二，睡前进食易导致肥胖。睡前进食身体会吸收大量的热量，在睡眠期间，身体处于低代谢状态，热量无法消耗，容易转化为脂肪并储存在体内，从而导致肥胖。而肥胖是高脂血症、糖尿病、动脉粥样硬化和冠心病等疾病的重要诱因之一。

其三，睡前进食会影响睡眠质量。睡前进食容易导致饱腹感，使胃鼓胀，对周围器官造成压迫，胃、肠、肝、胆、胰等器官在餐后的紧张工作会传送信息给大脑，引起大脑活跃，并扩散到大脑皮质其他部位，就会影响睡眠质量，出现难以入睡的情况。

一般来说，食物在胃内的排空时间需要2~3小时，因此建议晚饭时间安排在晚上6点至7点之间，以保证吃完东西2小时之后再睡觉。如果因某些原因导致晚饭吃得晚，可以稍晚睡一会儿，适当做点家务，或者饭后慢走半小时，有助于消化。

吃饭不宜太快

现代社会人们的压力越来越大，生活节越来越奏快，很多上班族"插空吃饭"成为常态，甚至有时候随便扒拉两口就算了。吃得快，就餐时间是省下来了，但健康却在悄悄受损。

● 吃饭太快的四大危害

吃得太快易导致肥胖

我们的大脑接收到饱腹的信号需要一定的时间，一般是20分钟左右。而如果吃得过快，大脑并不能及时接收到已经吃饱了的信号，从而导致会吃过量的食物。而且快速进食会让体内血糖的升高速度增快，人体会随之分泌大量胰岛素，胰岛素的功能不只是控制血糖，还会将多余的糖分转化为脂肪储存于体内，人就更容易发胖。

吃得太快会降低食物的营养

食物只有经过充分咀嚼后变得细碎，并且与消化酶充分结合之后，才能更好地被分解成人体易吸收的营养物质。而吃饭过快会使口腔咀嚼减少，会在一定程度上影响食物营养物质的吸收，长此以往还有可能导致营养不良。

吃得太快会导致血糖失控

吃饭速度太快，血糖上升的速度也会加快，从而导致身体的胰岛素分泌增加，长此以往，身体调节血糖的能力就容易下降，出现血糖失控，增加患糖尿病的概率。有研究发现，吃饭太快是糖尿病的一个独立诱发因素，吃饭太快的人患糖尿病的概率约是30.9%。

吃得太快会增加患病风险

大块食物，抑或一些坚果、硬煎饼等坚硬的食物，还没嚼碎就咽到食管内，会对食管、肠胃造成物理性损伤，甚至出现溃疡现象，长时间反复则容易造成细胞病变，导致癌症发生。而且吃得快的人往往更容易接受烫食，对口腔黏膜、食管黏膜都会造成一定的伤害。临床数据表明，大部分的食管癌、肠胃癌都与进食过快有关。此外，口腔的咀嚼功能不只是粉碎食物，有研究表明，食物只有在接触唾液32秒后，唾液中的酶才能降低其中的黄曲霉毒素、亚硝胺、苯并芘等致癌物的不良反应。如果咀嚼时间缩短，致癌物对器官组织的影响会更大。

● 用餐时间应控制在 30 分钟左右

吃得太快会给身体带来危害，那么吃一顿饭花多长时间才有利于健康呢？《中国居民膳食指南（2022）》提倡细嚼慢咽，一般来说，建议用15～20分钟吃早餐，中、晚餐则用30分钟左右。当然，慢慢吃饭其实并不是指放慢吃饭速度、延长吃饭时间，而是增加每一口食物的咀嚼次数，食物咀嚼30次以上再吞咽，这样更易消化，也更容易控制食欲。

● 如何避免进食过快

随着生活节奏的加快，很多人吃饭的速度也不由自主地加快，那么我们怎样做可以防止进食过快呢？

- 不要让自己陷入过度饥饿的状态。当人陷入过度饥饿状态的时候，判断能力和理性思维均会受到影响，更容易导致暴饮暴食。
- 有意识地控制自己吃饭的时间。饭前饭后留意时间，看看自己每一餐到底花了多少时间，慢慢养成细嚼慢咽的习惯。
- 在吃食物之前认真留意食物的状态、色泽、气味等。吃的时候带着品尝食物的心情去感受食物的味道，享受对食物的咀嚼感，吃饭的速度自然就会慢下来。

剩饭剩菜要少吃

很多中老年人有着勤俭节约的好习惯，但有些习惯看似节俭，实际上对身体没有好处。例如，剩饭剩菜舍不得倒掉，做一次饭吃好几顿的剩饭，这样的"节俭"可能会对自己和家人的身体健康造成伤害。

营养学家一直提倡"吃多少，做多少"，尽量不要把饭菜剩下，主要是因为剩饭剩菜有两大健康隐患。

一是剩饭易产生霉菌。霉菌是一种真菌，存在于食物表面和空气中，以各种方式进入人体。人体暴露于霉菌中，会损害神经系统和身体器官，引发身体疼痛、身体协调障碍等问题。某大学曾经做过一项研究，显示剩饭在常温下放置2

小时后，就会开始滋生霉菌。

二是剩菜易产生致癌物。亚硝酸盐有一定毒性，它本身并不致癌，但当它在胃里与蛋白质分解物结合，就会产生致癌物质亚硝胺。通常条件下，膳食中的亚硝酸盐不会对人体造成危害，但如果过量摄入，亚硝酸盐会在胃的酸性环境中生成过量的亚硝胺，可能诱发癌症。做熟的蔬菜在温度较高的地方

放置一段时间后，亚硝酸盐的含量就会有所增加。剩菜的食物种类不同，其亚硝酸盐含量也不尽相同，比如蔬菜大于肉类。

因此，为了身体健康，剩饭剩菜尽量少吃，最好做到吃多少做多少。有的人不免会问：那剩饭剩菜难道都要倒掉？放入冰箱里保存也不行吗？世界卫生组织提出的"食品安全五要点"中明确建议：熟食在室温下不得存放2小时以上，应该及时冷藏（5℃以下），不要在冰箱当中存放超过24小时，剩饭剩菜加热的次数不应该超过1次。根据世界卫生组织的建议，在对待剩饭剩菜的问题上，建议大家做到以下几点：

最好"只剩肉不剩菜"。相比肉类食品，蔬菜在存放的过程中会产生更多的亚硝酸盐，而且还会有较大一部分营养流失。综合来看，建议大家如果实在要剩，尽量剩肉不剩菜。

及时密封，分开存放。为了保证剩饭剩菜的卫生和安全，存放过程中应减少筷子等器具对剩饭剩菜的翻动，用材质安全的保鲜盒盛装、存放剩饭剩菜，确保其密封性。剩饭剩菜应存放于"冰箱低温区域"，尽早吃完，避免细菌等微生物的大量繁殖。剩饭剩菜需要分类包装、分开存放，避免出现交叉污染和串味。

减少加热次数。为了降低微生物的侵袭风险、避免发生食物中毒事件，对于剩饭剩菜，不建议反复多次加热，能吃多少就热多少，剩下的食物继续储存于冰箱中，并尽快吃完。

油炸食品应远离

油条、油饼、薯条等都是油炸食品，这些高脂肪食物色泽诱人、口感香脆，让人爱不释手，但这并不代表油炸食品是健康有益的。油炸食品中含有大量的反式脂肪酸、膨松剂及色素等物质，长期食用就仿佛给身体装了一个炸弹，是非常危险的。

● 常吃油炸食品会加重肠胃负担，还会导致肥胖

油炸食品通常都比较硬、脆，长期食用可能会伤害到柔软的肠胃。油炸食品一般还加入了过多的盐、辣椒，以增加食品的风味，这样会直接刺激到肠胃的黏膜，并诱发胃溃疡。油炸食品内含有大量的油脂和脂肪酸，不利于消化，饱食后可能会出现胸口饱胀、恶心、呕吐、食欲不振等。高脂肪还会导致肥胖，并带来很多健康问题。长期食用油炸食品也会使胆固醇的水平升高，损伤肝脏，继而患上脂肪肝。

● 常吃油炸食品易导致心血管疾病

油炸食品中含有大量的反式脂肪酸，反式脂肪酸是一类对健康不利的不饱和脂肪酸，会增加人体血液的黏稠度和凝聚力，容易导致血栓的形成。反式脂肪酸也会让血管弹性减弱、血管壁变得非常脆，会诱发血管破裂。大量流行病学调查或者动物实验研究过反式脂肪各种可能的危害，其中对心血管健康的影响具有最强的证据。世界卫生组织也建议每天来自反式脂肪的热量不超过食物总热量的1%（大致相当于2克），以降低对心血管健康的影响。

● 常吃油炸食品存在致癌风险

我们都知道常吃油炸食品容易导致上火、便秘，这是由于食用油炸食品会导致维生素和水分的流失。更严重的是，为了节省成本，我们在外购买的油炸食品一般是用反复高温加热的油脂制作的，这就使油炸食品具有了致癌的风险。因为这种油

脂中的不饱和脂肪酸会产生毒性较强的聚合物，而且有些无良商家为了防腐和显色的需要，会在油炸食品中加入亚硝酸盐，长期过量食用会有致癌的风险。

甜食要正确地吃

日常生活中，甜食得到了大多数人的喜爱，特别是很多女性和儿童对甜食毫无抵抗力。但甜食吃得太多对身体的危害是比较大的，可能会导致龋齿、骨质疏松、肥胖、高血压以及糖尿病等。这么说，是不是就不能吃甜食了呢？当然不是。糖类是人体所必需的营养素，我们不应该把所有糖类都拒之门外。

甜食美味可口，食用后可以使人心情愉悦，甜食中的糖进入到体内能转变成葡萄糖，可为人类的生理活动提供充足的能量，葡萄糖是诸多糖类中唯一一种能够成为大脑能量之源的物质，大脑活动所需能量全靠葡萄糖提供，而血液中所含的葡萄糖约一半为大脑所消耗。有效摄取葡萄糖可以提高人的记忆力、注意力及忍耐力，从而有助于工作效率的提高。因此，适量吃甜食对身体是有好处的，根据《中国居民膳食指南（2022）》建议，成年人每天控制添加糖的摄入量不超过50克，最好控制在25克以下。

除了控制好量，吃甜食的时间也比较重要。一般来说，不要在饭前饭后吃甜食。因为吃饭的时候会吃大量的主食，主食本身就有升高血糖的作用，所以在这个时段吃甜食会加重胰腺的负担。因此，可在两餐之间、工作劳累的时候适当补充一些糖分。此外，在运动前以及身体过于疲劳与饥饿时也可以吃点甜食。人体在运动过程中会消耗大量体能，而运动前又不宜饱餐，这时适量吃点甜食可以满足人体运动时所需的能量供应；人体处于疲劳或饥饿时，体内热能失去过多，容易出现头晕、恶心、乏力等，吃些甜食可以迅速补充体能，缓解这些症状。

chapter 02

跟营养师学做
成人专属营养餐

　　日常生活中，我们接触到的食物有成百上千种，每种食物所含的营养素不完全相同，但任何一种天然食物都不能提供人体所需的全部营养素。因此，想要通过饮食促进健康、预防疾病，就需要做到科学搭配、合理补充。让我们跟着营养师轻松学会搭配营养餐。

韭菜鲜肉水饺

🍅 材料

韭菜120克，肉末100克，饺子皮200克，芹菜叶少许，盐、鸡粉各3克，生抽5毫升，食用油适量

😋 做法

1.洗净的韭菜切碎，倒入肉末中，再撒上盐、鸡粉，淋上食用油、生抽，拌匀，制成馅料。

2.备好一碗清水，取饺子皮，用手指蘸上少许清水，在饺子皮边缘涂抹一圈，往饺子皮中放上少许馅料，将饺子皮对折，两边捏紧。剩下的饺子皮采用相同的做法制成饺子生坯，待用。

3.锅中注入适量清水烧开，放入饺子生坯，待其再次煮开，拌匀，再煮3分钟，加盖，用大火煮2分钟，至其上浮。揭盖，捞出饺子，盛入盘中即可。

核桃葡萄干牛奶粥

🍳 材料
核桃仁50克，葡萄干50克，粳米250克

🍲 做法
1.砂锅中注入适量的清水，用大火烧热。

2.倒入牛奶和淘洗后的粳米，搅拌均匀，盖上锅盖，大火烧开后转小火煮30分钟至熟软。

3.掀开锅盖，倒入核桃仁、葡萄干，搅拌片刻。

4.将粥盛出装入碗中即可。

虾仁汤面

🍳 材料
手工面200克，虾仁60克，葱段少许，盐2克，鸡粉2克，生抽5毫升

🍲 做法
1.虾仁洗净，去掉虾线，氽水至熟。

2.取一只碗，加入盐、鸡粉、生抽待用。

3.锅内注入适量清水烧开，倒入手工面煮至熟软。

4.将煮好的面条和面汤盛入装有调味料的碗中，放上虾仁，撒上葱段即可。

蓝莓草莓粥

🥟 材料

水发糙米200克，蓝莓40克，草莓40克，白糖3克

🍲 做法

1.草莓洗净后切成小块；蓝莓洗净。

2.砂锅注水烧开，放入糙米拌匀，盖上锅盖，烧开后用小火煮约30分钟至糙米熟软。

3.揭盖，倒入草莓、蓝莓，加入白糖，拌匀即可。

胡萝卜香葱炒面

🥟 材料

手工面400克，胡萝卜丝40克，白芝麻10克，蒜末适量，葱花适量，盐3克，鸡粉3克，食用油少许

🍲 做法

1.热锅注入少许食用油，烧热，倒入蒜末爆香。

2.倒入手工面炒散。

3.倒入胡萝卜丝炒匀，加入盐、鸡粉炒匀。

4.撒上白芝麻炒匀。

5.关火后将炒面盛入盘中，撒上葱花即可。

玉米鸡蛋炒饭

🍲 材料

玉米粒80克，鸡蛋1个，米饭400克，火腿肠30克，盐3克，鸡粉3克，食用油适量

🍚 做法

1.火腿肠切丁；鸡蛋打散。

2.锅中注水烧开，倒入玉米粒煮至断生，捞出沥水，待用。

3.另起锅，淋入食用油，倒入米饭，拍松散，炒约1分钟至米饭呈颗粒状。

4.倒入鸡蛋液炒匀。

5.倒入玉米粒、火腿肠，加入盐、鸡粉，拌匀即可。

鸡蛋猪肉粥

🍲 材料

水发大米100克，鸡蛋1个，猪瘦肉30克，葱花少许，盐2克，姜丝少许

🍚 做法

1.砂锅注水烧热，倒入水发大米，搅拌均匀，煮25分钟至米粒熟软。

2.倒入切好的肉末，煮5分钟。

3.打入鸡蛋，煮至鸡蛋熟透。

4.将煮好的粥盛出入碗中，撒上葱花即可。

鸡蛋蔬菜三明治

材料

原味吐司2片，生菜50克，西红柿片、胡萝卜片、黄瓜片各适量，鸡蛋1个，熟豆腐1片，食用油、番茄酱、沙拉酱、黄油各适量

做法

1.煎锅注入少许食用油，打入鸡蛋，煎熟后盛出。

2.煎锅洗净，放入少许黄油，小火烧至化开，放入吐司片，煎至金黄色，盛出。

3.在其中一片吐司上刷一层沙拉酱，放上荷包蛋，刷一层番茄酱，再放上生菜叶、黄瓜片、西红柿片、胡萝卜片、豆腐片，最后放上刷有番茄酱的另一片吐司，用蛋糕刀从中间切开即可。

西红柿奶酪烤吐司

🍅 材料

吐司2片，奶酪60克，西红柿半个，生菜40克

🍲 做法

1.西红柿洗净后切成片。

2.在一片吐司片放上奶酪，

3.将2片吐司放入预热好的烤箱中，以上、下火190℃烤15分钟。

4.取出烤好的吐司，将西红柿、生菜夹在吐司中，沿着对角线切成三角形即可。

培根煎蛋

🍅 材料

培根60克，鸡蛋2个，西红柿50克，盐1克，食用油适量

🍲 做法

1.西红柿切成瓣。

2.煎锅烧热，淋入少许底油，放入一点盐，打入鸡蛋，用小火煎至鸡蛋底面凝固，盛出待用。

3.锅底留油，放入培根，煎至两面微黄后取出待用。

4.备好一个盘，摆放上荷包蛋、培根、西红柿即可。

鸡蛋煎饼

🥢 材料

面粉200克，鸡蛋2个，酵母、泡打粉各适量，白糖5克，食用油适量

🍚 做法

1.鸡蛋打散。面粉中放入酵母、泡打粉，倒入少许温水，搅匀，加入白糖，倒入鸡蛋液，搅拌匀，揉搓成光滑的面团。

2.把面团搓成长条形，再切成数个大小一致的剂子，将小剂子压成圆饼，制成饼坯。

3.烧热煎锅，倒入适量食用油，烧至三四成热，转小火，下入备好的饼坯，转动煎锅，煎至两面熟透即可。

银耳莲子枸杞羹

🥢 材料

水发银耳60克，水发莲子30克，枸杞5克适量，冰糖15克

🍚 做法

1.炖锅中倒入适量的清水烧开，倒入切好的银耳和洗净的莲子，搅拌片刻，盖上锅盖，烧开后用中火煮30分钟至食材熟软。

2.揭开锅盖，倒入备好的枸杞，稍煮一会儿。

3.倒入冰糖，搅匀，煮至冰糖完全溶化即可。

小馒头配豆浆

🍚 材料

面粉500克，酵母5克，泡打粉5克，水发黄豆100克，白糖适量，食用油少许

🖐 做法

1.往面粉中依次加入酵母、泡打粉、白糖，拌匀，再加入适量清水，将面粉揉搓成光滑、有弹性的面团。

2.取部分面团，用擀面杖擀成面片，将面皮对折，再用擀面杖擀平，反复操作2~3次，使面片均匀、光滑。

3.面皮卷起来，搓成均匀的长条，然后用刀切成数个大小相同的馒头生坯。

4.取干净的蒸盘，刷上一层食用油，放上馒头生坯，放入水温为30℃的蒸锅中，盖上盖，发酵30分钟，再用大火蒸8分钟。

5.豆浆机中倒入水发黄豆，加入适量水，打成豆浆。

6.将豆浆搭配馒头一起食用即可。

黑芝麻黑豆浆

材料

黑芝麻30克，水发黑豆45克

做法

1.把洗好的黑芝麻倒入豆浆机中，再倒入洗净的黑豆，注入适量清水至水位线即可，盖上豆浆机机头，选择"五谷"程序，再选择"开始"键，开始打浆。

2.待豆浆机运转约15分钟，即成豆浆。

3.将豆浆机断电，取下机头，把煮好的豆浆倒入滤网，滤取豆浆，倒入碗中，用汤匙撇去浮沫即可。

燕麦黄豆黑芝麻糊

材料

即食燕麦50克，水发黄豆80克，黑芝麻80克，白糖10克

做法

1.取豆浆机，倒入即食燕麦、水发黄豆、黑芝麻，加入适量清水，再加入白糖。

2.盖上机头，按"选择"键，选择"米糊"选项，再按"启动"键开始运转。

3.待豆浆机运转结束，即成芝麻糊。

4.将豆浆机断电，取下机头，将煮好的芝麻糊倒入碗中即可。

南瓜山药杂粮粥

材料

水发大米95克，玉米糁65克，水发糙米120克，水发燕麦140克，山药125克，去皮南瓜100克

做法

1.山药去皮切小块；南瓜切小块。

2.砂锅中注入适量清水烧开，倒入洗净的糙米、大米和燕麦，煮开后用小火煮约40分钟。

3.倒入切好的南瓜、山药和玉米糁，搅拌一会儿，使其散开，用小火续煮约20分钟，至食材软烂即可。

黑芝麻牛奶粥

材料

熟黑芝麻粉15克，大米500克，牛奶200毫升，白糖5克

做法

1.砂锅中注入适量清水，倒入大米，加盖，用大火煮开后转小火续煮30分钟至大米熟软。

2.倒入牛奶，拌匀，用小火续煮2分钟。

3.倒入黑芝麻粉和白糖，拌匀，稍煮片刻即可。

蔬菜鸡肉拌面

材料

面条200克，红椒80克，黄豆芽60克，鸡胸肉80克，白萝卜60克，蒜末适量，芹菜叶碎少许，盐2克，鸡粉2克，生抽5毫升，食用油适量

做法

1.红椒切圈；黄豆芽洗净；鸡胸肉切块；白萝卜切丁。

2.锅内注入适量清水烧开，倒入面条煮至熟软，捞出待用。

3.热锅注油，倒入蒜末爆香，倒入鸡胸肉块、红椒、黄豆芽、白萝卜炒匀。

4.加入盐、鸡粉、生抽炒匀。

5.往面条中倒入炒好的食材，拌匀，撒上芹菜叶碎即可。

胡萝卜芹菜汁

🍅 材料

芹菜30克，胡萝卜20克，柑橘30克

🥘 做法

1.将芹菜洗净，切成段。

2.胡萝卜洗净，去皮，切成块。

3.柑橘去皮洗净，切成块。

4.将以上材料放入榨汁机中，加入适量冷
开水搅打成汁，倒入杯中，搅匀即可。

鸡蛋醪糟

🍅 材料

醪糟1碗，鸡蛋1个，枸杞10克，白糖适量

🥘 做法

1.鸡蛋打入碗中，打散。

2.汤锅注水烧开，倒入醪糟，加入枸杞和
白糖，煮沸。

3.把鸡蛋液倒入煮开的醪糟汤中，一边倒
一边用勺子推搅。

4.将煮好的鸡蛋醪糟汤盛入碗中即可。

柠檬芹菜汁

🍅 材料

柠檬20克，芹菜20克，莴笋30克

🍲 做法

1.柠檬洗净去皮，切块。

2.芹菜洗净，切段。

3.莴笋去皮，洗净，切块。

4.将所有材料放入榨汁机中，加入适量冷开水，启动榨汁机榨取蔬果汁，装入杯中即可。

燕麦香蕉奶昔

🍅 材料

即食燕麦50克，香蕉1根，杏仁30克，酸奶1盒

🍲 做法

1.香蕉去皮，切成段，待用。

2.取榨汁机，倒入即食燕麦、香蕉、杏仁和酸奶，再加入少许凉开水，启动榨汁机，打成奶昔即可。

元气午餐

小炒黄牛肉

材料

黄牛肉200克，青尖椒100克，红尖椒100克，蒜片、姜片各10克，酱油5毫升，淀粉5克，小苏打3克，料酒4毫升，蚝油5克，盐3克，鸡精3克，食用油适量

做法

1.黄牛肉洗净，切成薄片，加淀粉、小苏打、盐、料酒、食用油拌匀，腌渍15分钟。

2.青尖椒、红尖椒洗净，切细圈。

3.炒锅烧热，放入食用油，放入牛肉片炒至变色，捞出沥干油。

4.锅内留油，放入蒜片、姜片炒香，再放入青、红椒圈炒香。

5.将牛肉倒入锅中，翻炒匀，加酱油、蚝油、鸡精、盐炒匀即可。

茶树菇炒鸭丝

🍲 材料

茶树菇100克，鸭肉150克，青椒、红椒各适量，盐、鸡精各3克，料酒、酱油、香油各10毫升，食用油适量

🍚 做法

1.鸭肉洗净，切丝，加盐、料酒、酱油腌渍片刻。

2.茶树菇泡发，洗净，切去老根。

3.青椒、红椒均洗净，切丝。

4.油锅烧热，下鸭肉煸炒，再入茶树菇翻炒。

5.放入青椒、红椒，翻炒至熟，出锅前调入鸡精，淋入香油，炒匀即可。

花生仁菠菜

🍲 材料

鸡粉2克，盐3克，菠菜270克，花生仁30克，食用油、辣酱各适量

🍚 做法

1.洗净的菠菜切成三段。

2.冷锅中倒入适量的油，放入花生仁，用小火翻炒至香味飘出，盛出待用。

3.锅留底油，倒入切好的菠菜，用大火翻炒2分钟至熟。

4.加入盐、鸡粉、辣酱，炒匀。

5.盛出炒好的菠菜，装盘，撒上花生仁，拌匀即可。

糖醋鱼块酱瓜粒

材料

鱼块300克,鸡蛋1个,黄瓜50克,盐3克,鸡粉3克,白糖3克,番茄酱10克,生粉适量,水淀粉适量,食用油适量

做法

1.黄瓜切成丁。

2.鸡蛋打入碗中,撒上适量生粉,加入少许盐,搅散,注入适量清水,拌匀。

3.将鱼块放入鸡蛋液中,搅拌匀。

4.热锅注油,烧至四五成热,放入鱼块,用小火炸约3分钟至食材熟透,捞出沥干油,待用。

5.另起锅,注入少量清水烧热,加入少许盐、鸡粉,撒上白糖,拌匀,倒入番茄酱,快速搅拌匀,加入水淀粉,调成稠汁。

6.取一个盘子,盛入炸熟的鱼块,浇上酸甜汁,撒上黄瓜丁即可。

干锅酸菜土豆片

🍲 材料

土豆500克，猪瘦肉300克，酸菜100克，朝天椒2根，姜片20克，葱花、葱段各少许，盐2克，生抽20毫升，料酒15毫升，生粉10克，食用油适量

🍚 做法

1.土豆去皮洗净，切片；朝天椒洗净，切圈。

2.猪瘦肉洗净切片，加少许料酒、生抽、生粉拌匀，腌渍10分钟。

3.热锅注油，放入姜片炒香，加入瘦肉炒至变色，淋入料酒、生抽炒匀。

4.加入土豆片、酸菜、朝天椒，炒至熟软，放盐炒匀调味。

5.盛出炒好的食材装入干锅里，撒上葱花、葱段即可。

排骨莲藕炖墨鱼

🍲 材料
排骨400克，莲藕200克，墨鱼（干）1
只，花生仁60克，红枣6颗，姜片适量，
盐2克，鸡粉2克

😋 做法
1.墨鱼用清水浸泡1小时，洗净，去骨，切
成块；排骨斩成块；莲藕切成块。

2.排骨倒入沸水锅中汆去血水，捞出。

3.取一砂锅，放入姜片、排骨、莲藕、墨
鱼、花生仁、红枣，加水，拌匀，大火煮
开后转小火煮1小时。

4.加入盐、鸡粉，拌匀入味即可。

茄子焗豇豆

🍲 材料
茄子150克，豇豆100克，红彩椒15克，蒜
片若干，盐2克，鸡粉2克，食用油适量

😋 做法
1.洗净的茄子切成条；洗净的豇豆切成约4
厘米长的段；红彩椒切丝。

2.炒锅注油，烧至五成热，倒入茄子炸至
微黄，捞出，沥干油。再将豇豆放入锅
中，炸至表面变色，捞出，沥干油。

3.热锅留油，放入蒜片爆香，倒入红彩
椒、茄子、豇豆，快速翻炒熟。

4.加入盐、鸡粉，炒均匀即可。

红枣桂圆鸡汤

🍅 材料

土鸡400克，桂圆肉20颗，红枣20颗，冰糖5克，盐4克，料酒10毫升，米酒10毫升

🍲 做法

1.把洗净的土鸡斩成小块，放入烧开的锅中，淋入料酒，余去血渍，捞出沥水，待用。

2.砂锅中注入清水烧开，放入洗净的桂圆肉、红枣，倒入鸡块，加入冰糖，淋入米酒，煮沸后用小火煮约40分钟至食材熟透。

3.调入盐，拌匀，续煮一会儿至食材入味即可。

白萝卜排骨汤

🍅 材料

白萝卜200克，排骨500克，芹菜少许，盐、鸡粉各3克，胡椒粉5克，料酒10毫升，姜片适量

🍲 做法

1.白萝卜去皮切成块；芹菜洗净切成粒。

2.洗净的排骨斩成段，放入沸水锅中，汆去血水，捞出待用。

3.砂锅中加适量清水烧开，倒入排骨，放入姜片，淋入料酒，用小火炖30分钟。

4.加入白萝卜，继续用小火炖20分钟。

5.倒入芹菜粒，加入盐、鸡粉、胡椒粉，拌匀煮沸即可。

胡萝卜冬瓜炒木耳

🍅 材料

水发木耳80克，冬瓜100克，胡萝卜50克，蒜末适量，盐2克，鸡粉2克，食用油适量

🍲 做法

1.洗净的冬瓜去皮，切成片；洗净的胡萝卜去皮，切成菱形片；水发木耳切成小朵。

2.锅中注水烧开，倒入胡萝卜、木耳，拌匀，焯水至断生，捞出沥水。

3.用油起锅，倒入蒜末爆香，放入冬瓜，翻炒匀，倒入胡萝卜和木耳，炒至熟软。

4.加入盐、鸡粉，炒至入味即可。

柿子椒牛肉饭

🍲 材料

牛肉100克，黄柿子椒60克，红柿子椒60克，熟米饭300克，盐2克，鸡粉2克，生抽5毫升，水淀粉少许，蒜末、食用油各适量

🍚 做法

1.牛肉切条；红柿子椒、黄柿子椒切条。

2.热锅注油，倒入蒜末爆香，倒入牛肉翻炒至转色。

3.倒入黄、红柿子椒，炒至断生。

4.加入盐、鸡粉、生抽，炒匀入味。

5.加入少许清水，用水淀粉勾芡。

6.关火后，将食材浇盖在米饭上即可。

老南瓜粉蒸排骨

🍲 材料

老南瓜500克，排骨400克，粉蒸肉粉100克，蒜末、葱花各适量，盐、食用油各适量

🍚 做法

1.老南瓜去皮、去瓤。

2.洗净的排骨斩块，装入碗中，放入蒜末和蒸肉粉，抓匀，再放入盐拌匀，最后倒入食用油，抓匀。

3.将排骨装入南瓜里。

4.蒸锅上火烧开，放入南瓜排骨，小火蒸约30分钟。

5.取出蒸好的南瓜排骨，撒上葱花即可。

鸡肉丸子汤

🥬 材料

鸡胸肉200克，胡萝卜片50克，菠菜叶50克，盐3克，鸡粉3克，黑胡椒粉3克，料酒10毫升，水淀粉、食用油各适量

🍲 做法

1.锅中注水烧开，放入鸡胸肉，淋入料酒，煮熟。

2.将煮熟的鸡胸肉捞出，凉凉后切成碎末，加入少许盐、鸡粉，放入黑胡椒粉，再淋入水淀粉，快速拌匀，使肉质起劲。

3.将鸡肉分成数个肉丸，整好形状，待用。

4.锅置火上，注入适量清水，大火煮沸，加入盐，淋入食用油，倒入鸡肉丸和胡萝卜，烧开后转小火煮约5分钟。

5.放入菠菜，继续煮2分钟即可。

红烧狮子头

材料

肉末300克，胡萝卜60克，大白菜50克，鸡蛋1个，马蹄肉100克，白萝卜50克，姜末、葱花各适量，盐3克，鸡粉3克，蚝油5克，生抽5毫升，料酒5毫升，生粉、水淀粉、食用油各适量

做法

1.洗好的马蹄肉切成碎末；胡萝卜、白萝卜切块。

2.取一个碗，倒入备好的肉末，放入姜末、葱花、马蹄肉末，打入鸡蛋，拌匀，加入盐、鸡粉、料酒、生粉，拌匀，待用。

3.锅中注油，烧至六成热，把拌匀的材料揉成肉丸，放入锅中，用小火炸4分钟至表面呈金黄色，捞出，装盘备用。

4.锅底留油，注入适量清水，加入盐、鸡粉、蚝油、生抽，放入炸好的肉丸，倒入胡萝卜块、白萝卜块、大白菜略煮一会儿至其入味。

5.将锅中食材盛入碗中，再往锅内倒入水淀粉勾芡，将芡汁倒入碗中即可。

巧手猪肝

材料

猪肝200克，芹菜、青椒各50克，红椒20克，姜片、蒜末各适量，盐、鸡粉各2克，料酒、香油各5毫升，水淀粉、食用油各适量

做法

1.洗净的芹菜切成段；青椒、红椒均切成圈。

2.处理干净的猪肝切片，装入盘中，加入料酒、盐、鸡粉、水淀粉，拌匀。

3.热锅注油，倒入猪肝快速炒匀。

4.倒入芹菜、姜片、蒜末、青椒、红椒炒匀。

5.加入盐、鸡粉、香油，炒至入味。

6.用水淀粉勾芡收汁即可。

青椒炒猪血

材料

青椒80克，猪血300克，姜片、蒜末各适量，盐3克，鸡粉3克，水淀粉、食用油各适量

做法

1.青椒切块；猪血切块。

2.锅中加适量清水烧开，加入少许盐，往猪血中倒入烧开的热水，浸泡4分钟后捞出，加入少许盐拌匀。

3.用油起锅，倒入姜片、蒜末炒香，倒入青椒，翻炒匀。再加入盐、鸡粉，倒入猪血，加少许清水，煮约2分钟至食材熟软。

4.加入水淀粉勾芡即可。

牛肉条炒西蓝花

🍲 材料

牛肉300克，西蓝花200克，蒜末适量，盐2克，生抽5毫升，料酒5毫升，水淀粉、食用油各适量

🍚 做法

1.牛肉洗净，切成条，放入碗中，加入料酒及水淀粉，拌匀，腌渍10分钟。

2.西蓝花洗净切小朵，焯水后捞出沥干。

3.锅中注油烧热，入下蒜末，爆香，倒入牛肉，翻炒至变色，再倒入西蓝花，继续翻炒至食材熟透。

4.加入盐、生抽，炒匀调味即可。

豆腐炒蔬菜

🍲 材料

豆腐200克，小白菜、娃娃菜、红彩椒、豆芽、山药各50克，蒜片、葱段各适量，盐、鸡粉各3克，生抽5毫升，食用油适量

🍚 做法

1.豆腐切四方块；彩椒切成条；小白菜、娃娃菜分别切成段；山药去皮切成片。

2.锅中注油烧热，放入蒜片、葱段爆香，放入豆腐，煎至两面金黄。倒入彩椒和山药片，翻炒匀，放入小白菜、娃娃菜和豆芽，炒至食材熟软。加入盐、鸡粉，淋入生抽，快速翻炒至食材入味即可。

香菇烧鸡

🍅 材料

鸡胸肉200克，干香菇30克，四季豆80克，青豆50克，盐2克，生粉3克，料酒5毫升，生抽5毫升，水淀粉、食用油各适量

🍲 做法

1.干香菇洗净后泡发；洗净的四季豆切成段。

2.香菇、青豆、四季豆分别放入沸水锅中焯至断生。

3.洗净的鸡胸肉切成块，放入少许盐、料酒、生抽、生粉，拌匀，腌渍20分钟。

4.热锅注油，烧至七成热，放入鸡胸肉，滑油片刻，捞出待用。

5.锅底留油，倒入香菇、青豆、四季豆和鸡胸肉，翻炒熟。加入盐、鸡粉，炒匀，再淋入少许水淀粉勾芡即可。

番茄金针菇肥牛

🍅 材料

肥牛卷200克，金针菇150克，西红柿半个，葱段、姜片、蒜片各适量，盐3克，生抽5毫升，料酒5毫升，白糖2克，番茄酱10克，食用油适量

🍲 做法

1.金针菇撕成小束；西红柿切块。

2.锅中注油烧热，放葱段、蒜片爆香，加入肥牛卷、料酒、生抽，翻炒至肥牛卷变白，盛出备用。

3.锅底留油烧热，放姜片、生抽、番茄酱炒香，加入西红柿、金针菇，加清水没过食材，煮5~6分钟。

4.加入白糖、盐，拌匀，倒入肥牛，煮4~5分钟即可。

健康晚餐

坚果健康沙拉

🍴 材料

虾仁70克，巴旦木40克，
生菜50克，紫薯泥60克，
圣女果50克，黄瓜50克，
牛油果90克，蚝油3克，橄
榄油适量

🍲 做法

1.牛油果去皮，取肉切片。

2.虾仁去虾线。

3.紫薯泥用模具做成花状。

4.圣女果对半切开；黄瓜切成片。

5.锅内注入适量清水烧开，倒入生菜煮至断生，捞出
沥水，再倒入虾仁，煮至转色，捞出待用。

6.取一盘，铺上生菜，放上牛油果、虾仁、紫薯泥、
圣女果、黄瓜、巴旦木，淋入蚝油和橄榄油，拌匀
即可。

蔬菜煎蛋

材料

西红柿90克，鸡蛋3个，生菜适量，盐2克，食用油适量

做法

1.西红柿切片。

2.煎锅中淋入食用油，放入西红柿片，煎至熟软后盛出待用。

3.锅底留油，打入鸡蛋，撒上盐，煎成荷包蛋。

4.将煎好的鸡蛋盛入盘中，放上西红柿片，再摆放上备好的生菜即可。

鸡胸肉炒西蓝花

材料

鸡胸肉100克，西蓝花200克，蒜末适量，生抽5毫升，盐3克，胡椒粉2克，淀粉、食用油各适量

做法

1.鸡胸肉切块，加入生抽、胡椒粉、淀粉抓匀，腌渍15分钟。

2.西蓝花洗净切小朵，焯水，捞出沥干。

3.热锅加油，放入蒜末爆香，放鸡胸肉翻炒至变白。

4.放西蓝花翻炒匀，加盐、生抽，翻炒至所有食材熟透即可。

西蓝花蒜香虾球

😋 材料

基围虾仁180克，西蓝花300克，黑蒜3颗，盐3克，鸡粉2克，胡椒粉3克，料酒、水淀粉各5毫升，食用油适量

😋 做法

1.洗净的西蓝花切小块；黑蒜切块。

2.洗好的虾仁背部划开，取出虾线装碗，加入少许盐、料酒、胡椒粉拌匀，腌渍入味。

3.沸水锅中加入盐，倒入少许食用油，放入西蓝花焯水至断生，捞出沥水后摆盘。

4.另起锅注油，放入黑蒜，倒入腌好的虾仁，翻炒均匀至虾仁微微转色，加入少许清水，放适量盐、鸡粉，翻炒约1分钟至入味，用水淀粉勾芡，翻炒至收汁。

5.盛出炒好的虾仁，和西蓝花一起装盘即可。

藕尖黄瓜拌花生仁

🍲 材料

黄瓜50克，花生仁40克，藕尖200克，朝天椒2根，盐2克，鸡粉2克，生抽适量

🍜 做法

1.藕尖切段；朝天椒切圈；黄瓜去皮切成丁。

2.锅内注入适量清水煮沸，倒入藕尖、花生仁煮至断生，捞出沥水。

3.取一碗，加入盐、鸡粉、生抽，拌匀调成酱汁。

4.把藕尖、黄瓜、花生仁、朝天椒装入碗中，倒入酱汁，拌匀。

5.将拌好的食材盛入盘中即可。

蔬菜鸡肉汤

🍲 材料

红椒50克，胡萝卜80克，鸡胸肉200克，土豆80克，香菜叶适量，盐2克，鸡粉2克

🍜 做法

1.土豆、胡萝卜去皮切块；红椒切块；鸡胸肉切块。

2.锅内注入适量清水烧开，倒入鸡肉，余去血水，撇去浮沫，捞出沥干水分，待用。

3.砂锅注水烧开，倒入鸡肉、胡萝卜、土豆、红椒拌匀，中火煮20分钟。

4.加入盐、鸡粉，拌匀调味。

5.将煮好的汤盛入碗中，撒上香菜叶即可。

小葱拌豆腐

材料

豆腐200克，葱花、熟白芝麻各适量，生抽5毫升，盐3克，鸡粉3克

做法

1.洗净的豆腐切成方块，装入盘中。

2.取一个干净的碗，放入适量鸡粉，加入少许生抽、盐，再加入少许开水，拌匀，淋在豆腐上。

3.把豆腐放入蒸锅，大火蒸8分钟。

4.将蒸好的豆腐块取出，撒上葱花、熟白芝麻即可。

清炒小油菜

材料

小油菜100克，红椒30克，蒜末适量，盐2克，鸡粉3克，生抽、食用油各适量

做法

1.红椒切块；小油菜拆成一片片。

2.热锅注油，倒入蒜末爆香。

3.倒入红椒块、小油菜，炒至断生。

4.加入盐、鸡粉、生抽，炒匀即可。

海带豆腐汤

🥘 材料

豆腐170克，水发海带120克，姜丝、葱花各适量，盐3克，胡椒粉2克，鸡粉3克，食用油少许

🍲 做法

1.洗净的豆腐切成四方块。

2.洗净的海带切成条，打成结。

3.锅中注入适量清水烧开，淋入食用油，撒上姜丝，倒入豆腐块，再放入洗净的海带，拌匀，用大火煮约4分钟，至食材熟透。

4.加入盐、鸡粉，撒上胡椒粉，拌匀，略煮一会儿至汤汁入味。

5.关火后盛出煮好的汤料，撒上葱花即可。

西红柿炒空心菜

🍅 材料

西红柿50克，空心菜200克，蒜末适量，
盐3克，鸡粉2克，食用油适量

🍲 做法

1.西红柿切块。

2.空心菜择好，洗净，待用。

3.热锅注油，倒入蒜末爆香，倒入西红
柿，炒匀，倒入空心菜，翻炒至断生。

4.加入盐、鸡粉，炒匀入味即可。

茼蒿胡萝卜

🍅 材料

茼蒿200克，去皮胡萝卜80克，盐2克，鸡
粉2克，生抽5毫升，食用油适量

🍲 做法

1.茼蒿切成等长段；胡萝卜切成丝。

2.热锅注油，倒入蒜末爆香。

3.倒入胡萝卜炒匀。

4.倒入茼蒿，加入盐、鸡粉、生抽，炒匀
调味。

5.将食材炒至断生后盛入盘中即可。

玉米骨头汤

🥟 材料

玉米100克，猪骨头400克，姜片适量，盐3克，鸡粉3克，胡椒粉3克

🍲 做法

1.玉米切成段。

2.锅中注水烧开，倒入洗净的猪骨头，余去血水和杂质，捞出，沥水待用。

3.砂锅注水，用大火烧开，倒入猪骨头、姜片、玉米搅拌匀，大火煮开后转小火炖1小时。

4.加入盐、鸡粉、胡椒粉，搅匀即可。

苦瓜炒鸡蛋

🥟 材料

苦瓜350克，鸡蛋1个，蒜末适量，盐2克，鸡粉2克，生抽5毫升，食用油适量

🍲 做法

1.苦瓜洗净，去瓤，切片。

2.鸡蛋打入碗内，加少许盐，打散。

3.用油起锅，倒入蛋液翻炒熟，盛出待用。

4.锅底留油，倒入蒜末爆香，倒入苦瓜翻炒片刻，倒入鸡蛋炒散。

5.加入盐、鸡粉、生抽，炒匀即可。

洋葱拌木耳

🥘 材料

木耳200克，洋葱100克，红椒30克，青椒30克，香菜叶少许，盐3克，鸡粉3克，生抽5毫升，陈醋5毫升，辣椒油5毫升，香油5毫升，食用油适量

🍲 做法

1.洗净的木耳切去根部，切成小块。

2.去皮洗净的洋葱切成小块，洗净的红椒、青椒切小块。

3.锅中倒入适量清水，用大火烧开，加入适量盐、鸡粉、食用油，放入木耳，煮2分钟至熟。

4.倒入切好的洋葱和红椒、青椒，再煮1分钟至熟。

5.将焯水的食材捞出，沥干水，加入少许盐、鸡粉，淋入生抽、陈醋、辣椒油、香油，拌匀，盛入盘中，撒上香菜叶即可。

虾丸白菜汤

🍅 材料

白菜70克，虾丸80克，鸡肉丸40克，盐2克，鸡粉3克

🍲 做法

1.热锅注水，倒入虾丸煮至熟软。

2.倒入白菜、鸡肉丸，加入盐、鸡粉拌匀，煮至食材熟软。

3.将汤盛入碗中即可。

清蒸草鱼段

🍅 材料

草鱼肉370克，姜丝、葱丝、彩椒丝各少许，蒸鱼豉油少许

🍲 做法

1.洗净的草鱼肉由背部切一刀，放在蒸盘中，待用。

2.蒸锅上火烧开，放入蒸盘，用中火蒸约15分钟，至食材熟透。

3.取出蒸熟的鱼，撒上姜丝、葱丝、彩椒丝，淋上蒸鱼豉油即可。

白灼圆生菜

材料

圆生菜350克，姜丝、红椒丝、葱白丝各适量，鸡粉3克，豉油5毫升，白糖2克，食用油适量

做法

1.将洗净的生菜切块。

2.锅中注入适量清水烧开，加入少许食用油和盐，拌匀，倒入生菜，煮断生后捞出，摆放在盘中，摆放上红椒丝、葱白丝，待用。

3.锅置旺火上，注油烧热，注入少许清水，倒入豉油，放入姜丝、红椒丝炒匀，加入白糖、鸡粉，拌煮成豉油汁。

4.将豉油汁浇在生菜上即可。

苦瓜牛柳

材料

牛肉80克，苦瓜120克，姜片、蒜片、葱段各少许，朝天椒10克，豆豉20克，盐、鸡粉各2克，料酒、水淀粉各5毫升，香油5毫升，食用油适量

做法

1.朝天椒斜刀切圈。

2.苦瓜对半切开，去籽去瓤，改切成短条。

3.牛肉切成条，淋上料酒，拌匀，腌渍10分钟。

4.锅中注水烧开，倒入腌渍好的牛肉，拨散，余去血水，捞出沥干水。

5.热锅注油烧热，倒入葱段、姜片、蒜片、朝天椒、豆豉，爆香。

6.倒入苦瓜条，炒匀，注入适量的清水，拌匀。

7.倒入牛肉，炒拌，撒上盐、鸡粉，拌匀。

8.放入水淀粉，加入香油，快速翻炒均匀即可。

冬瓜肉丸汤

🐤 材料

冬瓜300克，瘦肉末150克，葱花5克，盐2克，淀粉3克，食用油少许

🍲 做法

1.洗净的冬瓜去皮后切成小块。

2.瘦肉末装入碗中，倒入盐、淀粉拌匀，捏成肉丸，待用。

3.砂锅中注入适量清水，加入少许食用油，烧开后调至中小火，放入肉丸和冬瓜，煮20分钟至食材熟软。

4.加入少许盐，拌匀，再撒上葱花即可。

肉末蒸蛋

🐤 材料

肉末50克，葱花适量，鸡蛋3个

🍲 做法

1.将鸡蛋打在碗中，加入清水，水和蛋的比例2：1，搅拌均匀。

2.加入备好的肉末，放入盐，充分搅拌匀。

3.蒸锅注入水烧开，放入搅拌好的蛋液，蒸7分钟，至蛋液凝固。

4.将蒸好的鸡蛋羹取出，撒上葱花即可。

胡萝卜猪肝粥

🍅 材料

水发大米200克，胡萝卜60克，猪肝60克，葱花3克，盐2克

🍚 做法

1.洗好的胡萝卜切片。

2.锅内注水烧开，倒入猪肝煮至熟软，捞出切成丁，待用。

3.砂锅注水烧开，倒入大米，盖上盖，烧开后转小火煮约30分钟至大米熟软。

4.揭盖，倒入猪肝、胡萝卜，拌匀继续煮5分钟，加入盐，拌匀调味。

5.撒入葱花，拌匀即可。

三豆粥

🍅 材料

水发大米120克，水发绿豆70克，水发红豆80克，水发黑豆90克，白糖6克

🍚 做法

1.砂锅中注入适量清水烧开，倒入洗净的绿豆、红豆、黑豆、大米，搅拌匀，烧开后用小火煮约40分钟，至食材熟透。

2.加入白糖，搅拌匀，煮至白糖溶化即可。

功能食谱

提高免疫力

杏鲍菇煎牛肉粒

材料

杏鲍菇100克，牛肉100克，姜片、葱段、蒜片各适量，料酒10毫升，生抽5毫升，盐3克，白糖2克，水淀粉、食用油各适量

做法

1.洗净的杏鲍菇拦腰切开，切条，改切成丁。

2.洗净的牛肉切片，切成条，改切成粒。

3.往牛肉中加入适量盐、料酒，加入姜片、葱段、蒜片，淋入适量水淀粉，拌匀，腌渍10分钟。

4.取煎锅，注油烧热，倒入杏鲍菇丁，炒干水分。

5.倒入牛肉，炒匀。

6.淋入少许料酒、生抽，加入盐、白糖，快速翻炒上色，再煎至食材熟透即可。

香菇油菜

🍚 材料

小油菜300克，香菇100克，口蘑50克，盐3克，鸡粉3克，生抽10毫升，水淀粉、食用油各适量

🍲 做法

1.香菇、口蘑洗净去蒂，切成片；小油菜洗净，对半切开。

2.锅中淋入食用油烧热，倒入香菇、口蘑，快速翻炒至断生。

3.倒入油菜，翻炒至熟软。

4.加入盐、鸡粉、生抽，翻炒均匀。

5.加入水淀粉勾芡，炒匀即可。

韭菜炒鸡蛋

🍚 材料

鸡蛋2个，水发木耳、豆芽、韭菜、水发粉条各50克，蒜片少许，盐、食用油各适量

🍲 做法

1.水发木耳洗净切丝；韭菜洗净切长段。

2.鸡蛋打入碗中，打散。

3.锅中注油烧热，放入鸡蛋，快速炒熟炒散，盛出待用。

4.锅底留油，放入蒜片爆香，放入木耳，翻炒片刻，再放入洗净的豆芽、粉条、韭菜，翻炒至食材熟软。倒入鸡蛋，翻炒匀，加入盐，炒匀调味即可。

莲子炖猪肚

🍅 材料

猪肚220克，水发莲子80克，枸杞5克，姜片、葱段各少许，盐2克，鸡粉、胡椒粉各少许，料酒7毫升

🍲 做法

1.处理干净的猪肚切条形。

2.锅中注水烧开，放入猪肚条拌匀，淋入少许料酒拌匀，煮约1分钟，捞出沥水。

3.砂锅中注水烧热，倒入姜片、葱段，放入猪肚，倒入洗净的莲子，淋入少许料酒，烧开后用小火煮约2小时至食材熟软。

4.加入枸杞，继续煮10分钟。

5.加入盐、鸡粉、胡椒粉拌匀，煮至食材入味即可。

调补气血

山药红枣鸡汤

🍲 材料

鸡肉400克，山药230克，红枣、枸杞、姜片各少许，盐3克，鸡粉2克，料酒4毫升

🍴 做法

1.洗净去皮的山药切滚刀块；洗好的鸡肉剁成块。

2.锅中注入适量清水烧开，倒入鸡肉，搅拌均匀，淋入少许料酒，用大火煮2分钟，撇去浮沫，捞出沥干水分，备用。

3.砂锅中注水烧开，倒入鸡肉、红枣、姜片、枸杞，淋入料酒，用小火煮约40分钟至食材熟透。

4.加入盐、鸡粉搅拌均匀，略煮片刻至食材入味即可。

红枣小米粥

😋 材料

水发小米100克，红枣100克

😋 做法

1.锅中注入适量清水烧热，倒入洗净的红枣，用中火煮约10分钟，至其变软后捞出，放凉待用。

2.将凉凉后的红枣切开，去核，切碎。

3.砂锅中注入适量清水烧开，倒入备好的小米，烧开后用小火煮约30分钟至米粒变软。

4.倒入切碎的红枣，搅散拌匀，继续煮10分钟即可。

银耳红枣糖水

😋 材料

银耳50克，红枣20克，枸杞5克，冰糖15克

😋 做法

1.泡发好的银耳切去根部，用手掰成小朵。

2.取杯子，倒入银耳、红枣，加入适量冰糖，放入枸杞，注入适量的清水，盖上保鲜膜，待用。

3.蒸锅注水烧开，放入装有食材的杯子，盖上锅盖，蒸45分钟即可。

猪血山药汤

🍲 材料

猪血270克，山药70克，
葱花少许，盐2克，胡椒
粉少许，食用油少许

🍳 做法

1.洗净去皮的山药用斜刀切段，改切厚片。

2.洗好的猪血切成小块。

3.锅中注入适量清水烧开，倒入猪血，拌匀，余去污
渍，捞出沥干水分，待用。

4.另起锅，注入适量清水烧开，倒入猪血、山药，烧开
后用中小火煮约10分钟至食材熟透。

5.加入盐拌匀，关火后待用。

6.取一个汤碗，撒入少许胡椒粉，淋入少许食用油，盛
入锅中的汤料，点缀上葱花即可。

提神醒脑

橙子南瓜羹

材料

南瓜200克，橙子120克，冰糖10克

做法

1.洗净的南瓜去皮，切成片，装入盘中，待用。

2.洗好的橙子切去头尾，切开，切取果肉，再剁碎。

3.蒸锅上火烧开，放入南瓜片，盖上盖，蒸约20分钟至南瓜软烂。

4.取出蒸好的南瓜片，放凉后捣成泥状，待用。

5.另起锅，注入少量清水烧开，倒入适量冰糖拌煮至溶化，倒入南瓜泥，快速搅散，倒入橙子肉拌匀，再用大火煮1分钟即可。

蓝莓牛奶粥

🍅 材料

水发大米100克，牛奶200毫升，蓝莓30克，白糖5克

🍲 做法

1.砂锅中加入适量清水，倒入牛奶，放入水发大米，搅拌匀，煮30分钟至米粒软烂。

2.放入洗净的蓝莓，继续煮10分钟。

3.放入白糖，搅拌匀，煮至白糖溶化即可。

核桃花生双豆汤

🍅 材料

排骨块155克，核桃70克，水发红豆45克，花生米55克，水发眉豆70克，盐2克

🍲 做法

1.锅中注入适量清水烧开，放入洗净的排骨块，余煮片刻后捞出沥水，装入盘中，待用。

2.砂锅中注入适量清水烧开，倒入排骨块、眉豆、核桃、花生米、红豆，拌匀，大火煮开后转小火炖1小时至食材熟软。

3.加入盐，搅拌至入味即可。

凉拌嫩芹菜

材料

芹菜80克，胡萝卜30克，蒜末、葱花各少许，盐3克，鸡粉少许，香油5毫升，食用油适量

做法

1.洗好的芹菜切成小段；洗净的胡萝卜去皮，切成细丝。

2.锅中注入适量清水烧开，放入食用油、盐，再下入胡萝卜、芹菜，搅拌匀，煮约1分钟至全部食材断生。

3.捞出焯好的材料，沥干水分，加入盐、鸡粉，撒上蒜末、葱花，再淋入香油，搅拌至食材入味即可。

保护视力

胡萝卜烩牛肉

🥘 材料

牛肉300克，胡萝卜100克，口蘑100克，盐3克，料酒5毫升，生抽5毫升，老抽3毫升

🍲 做法

1.胡萝卜去皮，切成圆片；口蘑洗净，切成片。

2.牛肉洗去血水，放入高压锅中，加入适量清水，倒入料酒和老抽，拌匀，用高压锅压熟，捞出凉凉，切成块。

3.把胡萝卜、牛肉、口蘑放入砂锅中，加入适量清水，再加入盐、生抽，拌匀，大火煮沸后，再改小火煮约20分钟即可。

西红柿炒蛋

🍅 材料

西红柿130克，鸡蛋1个，小葱20克，大蒜10克，食用油适量，盐3克

🍲 做法

1.大蒜切成片；洗净的小葱切成葱花；西红柿切成滚刀块。

2.鸡蛋打入碗内，搅散。

3.热锅注油烧热，倒入鸡蛋液，炒熟后盛入盘中待用。

4.锅底留油，倒入蒜片爆香，倒入西红柿块，翻炒出汁。

5.倒入鸡蛋块炒匀，加盐，迅速翻炒入味。

6.将炒好的菜肴盛入盘中，撒上葱花即可。

干贝香菇蒸豆腐

😊 材料

豆腐250克，水发冬菇100克，干贝40克，胡萝卜80克，葱花少许，盐2克，食用油适量

😋 做法

1.泡发好的冬菇切粗条；胡萝卜去皮切成粒；豆腐切成块，摆入盘中。

2.热锅注油烧热，倒入冬菇、胡萝卜和干贝，加入盐，翻炒匀，注入少许清水，大火收汁。

3.将炒好的食材盛出浇在豆腐上，再放入烧开的蒸锅中蒸8分钟，出锅时撒上葱花即可。

虾仁西蓝花

材料

西蓝花230克，虾仁6克，盐3克，鸡粉2克，水淀粉少许，食用油适量

做法

1.锅中注入适量清水烧开，加入少许食用油、盐，倒入洗净的西蓝花煮1分钟至其断生，捞出沥水，待放凉后切掉根部，取菜花部分，待用。

2.洗净的虾仁切成小段，装碗，加少许盐、鸡粉、水淀粉，拌匀，腌渍10分钟。

3.炒锅注油烧热，加盐、鸡粉，倒入腌渍好的虾仁拌匀，煮至虾身卷起并呈现淡红色。

4.取一盘，摆上西蓝花，盛入锅中的虾仁即可。

养护肠胃

松仁丝瓜

🍲 材料

松仁20克，丝瓜块90克，胡萝卜片30克，姜末、蒜末各少许，盐3克，鸡粉2克，水淀粉10毫升，食用油5毫升

🍳 做法

1.锅中注入适量清水烧开，加入食用油，倒入洗净的胡萝卜片，焯煮半分钟，放入洗好的丝瓜块，续焯至断生，捞出，沥干水分，装入盘中备用。

2.用油起锅，倒入松仁，滑油翻炒片刻，关火，将松仁捞出来，沥干油，装入盘中待用。

3.锅底留油，放入姜末、蒜末，爆香，倒入胡萝卜片、丝瓜块，翻炒匀。

4.加入盐、鸡粉，翻炒片刻至入味，倒入水淀粉，炒匀。

5.将炒好的丝瓜盛出，装入盘中，撒上松仁即可。

小米南瓜粥

🍲 材料

小米200克，南瓜200克

🍚 做法

1.洗净的南瓜去皮，切成小方块。

2.砂锅中注水烧热，放入淘洗好的小米和南瓜块，搅拌匀，盖上盖，大火烧开后转小火续煮30钟至食材熟软即可。

清蒸红薯

🍲 材料

红薯350克

🍚 做法

1.洗净的红薯去皮，切成滚刀块，装入蒸盘中，待用。

2.蒸锅上火烧开，放入红薯，用中火蒸约20分钟，至红薯熟透。

3.取出蒸熟的红薯，待稍微放凉后即可食用。

山药薏米豆浆

🥣 材料

山药20克，水发薏米15克，
水发黄豆50克

🍳 做法

1.洗净去皮的山药切成片。

2.把泡发后的黄豆、薏米倒入碗中，注入适量清水，用手搓洗干净，再倒入滤网中，沥干水分。

3.黄豆、薏米和山药倒入豆浆机中，注水适量清水，盖上豆浆机机头，选择"五谷"程序，开始打浆。

4.待豆浆机运转完毕即成豆浆。

5.把豆浆倒入滤网，滤取豆浆，倒入碗中即可。

调理食谱

改善失眠

鸡蛋炒百合

材料

鲜百合140克，胡萝卜25克，鸡蛋2个，葱花少许，盐、鸡粉各2克，白糖3克，食用油适量

做法

1. 洗净的胡萝卜去皮，切成片。
2. 将鸡蛋打入碗中，加入盐、鸡粉，打散，制成蛋液，备用。
3. 锅中注入适量清水烧开，倒入胡萝卜，拌匀，放入洗好的百合，拌匀，加入白糖，煮至食材断生，捞出沥干水分，待用。
4. 用油起锅，倒入蛋液，炒匀，放入焯过水的材料，炒匀，撒上葱花，炒出葱香味即可。

缓解便秘

蜂蜜蒸老南瓜

🍲 材料

南瓜400克，鲜百合30克，红枣20克，葡萄干15克，蜂蜜30克

🍲 做法

1.将洗净的红枣切开，去核，再把果肉切成小块；洗净的南瓜去皮，切成菱形块。

2.南瓜摆入盘中，放上百合、红枣、葡萄干，放入烧开的蒸锅内，用大火蒸10分钟，至食材熟透。

3.取出蒸好的食材，浇上蜂蜜即可。

香蕉燕麦粥

🍲 材料

水发燕麦160克，香蕉120克，枸杞少许

🍲 做法

1.香蕉去皮后切成丁。

2.锅中注入适量清水烧热，倒入洗好的燕麦，烧开后用小火煮10分钟至燕麦熟软。

3.倒入香蕉、枸杞拌匀，用中火煮5分钟即可。

缓解咳嗽

冰糖雪梨

材料

雪梨1个，红枣3颗，冰糖30克

做法

1.洗好的雪梨去皮切开，去核，切小块。

2.砂锅中注水烧开，倒入切好的雪梨，加入红枣，拌匀，用大火煮开后转小火续煮20分钟至食材熟软。

3.加入冰糖，搅拌至冰糖溶化即可。

川贝杏仁粥

🥟 材料

水发大米75克，杏仁20克，川贝母少许

🍲 做法

1.砂锅中注入适量清水烧热，倒入备好的杏仁、川贝母，用中火煮约10分钟。

2.倒入大米，拌匀，再盖上盖，烧开后用小火煮约30分钟至食材熟软即可。

麻贝梨

🥟 材料

雪梨120克，川贝母粉、麻黄各少许

🍲 做法

1.洗净的雪梨切去顶部，挖出里面的瓤，制成雪梨盅。

2.在雪梨盅内放入川贝粉、麻黄，注入少量清水，盖上盅盖，待用。

3.蒸锅上火烧开，将雪梨盅放入蒸盘中，用小火蒸20分钟。

4.取出雪梨盅，打开盅盖，拣出麻黄，趁热饮用即可。

香焖牛肉

改善贫血

材料

牛肉块200克，八角3个，草果3个，姜片、去皮大蒜各适量，盐3克，生抽5毫升，黄豆酱5克，水淀粉、食用油各适量

做法

1.热锅注油烧热，倒入大蒜、姜片、八角、草果炒香，加入生抽、黄豆酱，翻炒上色。倒入牛肉块，注入适量清水，炒匀。

2.加入盐，快速炒匀调味，大火煮开后转小火焖40分钟至熟软，再淋入水淀粉，翻炒片刻收汁即可。

猪血青菜汤

材料

猪血200克，小白菜100克，姜丝少许，盐3克，鸡粉2克

做法

1.洗净的猪血切成片；小白菜择洗干净。

2.砂锅注水烧热，放入猪血和姜丝，煮开后续煮5分钟。

3.倒入小白菜，加入盐、鸡粉，拌匀，煮至小白菜断生即可。

降血糖

枸杞蒸芋头

🥄 材料

芋头200克，枸杞20克，葱花适量，生抽5毫升，食用油适量

🍲 做法

1.洗净的芋头去皮，切成块。

2.蒸锅注水烧开，放入芋头和枸杞，用大火蒸30分钟至芋头熟软。

3.取出蒸好的芋头，撒上葱花，待用。

4.用油起锅，烧至八成热。

5.将热油淋在芋头上，淋上生抽即可。

鸡内金山楂瘦肉汤

🥄 材料

猪瘦肉240克，鸡内金5克，陈皮5克，干山楂3克，桂圆肉5克，姜片少许，盐2克，料酒5毫升，鸡粉2克

🍲 做法

1.猪瘦肉切成块，余水待用。

2.砂锅注水烧开，倒入桂圆肉、姜片、鸡内金、陈皮、干山楂，煮沸。

3.倒入猪瘦肉，淋入料酒，烧开后转小火继续煮40分钟至食材熟软。加入盐、鸡粉，搅拌匀，煮至食材入味即可。

苦瓜黄豆排骨汤

降血压

🍲 材料

苦瓜200克，排骨300克，水发黄豆120克，姜片、盐、鸡粉各2克，料酒10毫升

🍚 做法

1.洗好的苦瓜对半切开，去瓤，切成段。

2.排骨剁成段，余水待用。

3.砂锅注水，放入洗净的黄豆，煮沸。倒入排骨，放入姜片，淋入料酒搅匀，用小火煮40分钟至排骨酥软。

4.放入苦瓜，用小火继续煮10分钟。加入盐、鸡粉，搅拌至食材入味即可。

马齿苋薏米绿豆汤

🍲 材料

马齿苋40克，水发绿豆75克，水发薏米50克，冰糖20克

🍚 做法

1.洗净的马齿苋切段。

2.砂锅中注入适量清水烧热，倒入备好的薏米、绿豆拌匀，烧开后用小火煮约30分钟。

3.倒入马齿苋，拌匀，继续煮约5分钟。

4.加入冰糖，拌煮至冰糖溶化即可。

降血脂

香菇肉片汤

🍅 材料

新鲜香菇200克，瘦肉100克，姜片适量，盐3克，鸡粉2克，食用油适量

🍲 做法

1.洗净的香菇切去蒂，切成片。

2.瘦肉切薄片，装入碗中，加盐、鸡粉、食用油，拌匀，腌渍10分钟。

3.锅中注油烧热，放入姜片爆香，加入清水，放入香菇，拌匀，烧开后续煮2分钟至熟。下入肉片，拌匀，用大火煮2分钟至肉片熟透。放入盐、鸡粉，拌匀即可。

土茯苓绿豆老鸭汤

🍅 材料

绿豆250克，土茯苓20克，鸭肉块300克，陈皮1片，高汤适量，盐2克

🍲 做法

1.锅中注水烧开，放入洗净的鸭肉，余去血水，捞出后过冷水，盛盘备用。

2.另起锅，注入适量高汤烧开，加入鸭肉块、绿豆、土茯苓、陈皮，拌匀，炖1小时至食材熟透。

3.加入盐，搅拌均匀至食材入味即可。

香干小炒肉

强健筋骨

材料

猪肉200克，香干100克，青椒80克，红椒70克，蒜末适量，盐、鸡粉各3克，食用油适量，生抽5毫升

做法

1.猪肉切片；香干切片；青椒、红椒切圈。

2.热锅注油，倒入蒜末爆香，倒入猪肉炒香，倒入青椒、红椒炒香，再倒入香干炒匀。

3.加入盐、鸡粉、生抽，炒匀入味即可。

羊肉虾皮汤

材料

羊肉150克，虾米50克，高汤适量，蒜片、葱花各少许，盐2克

做法

1.羊肉洗净，切成厚片。

2.砂锅注入高汤煮沸，放入洗净的虾米，加入蒜片，拌匀，用小火煮约10分钟至熟。

3.放入羊肉，烧开后煮约30分钟至熟软。

4.加入盐，搅拌匀。

5.关火后盛出煮好的汤料，撒上葱花即可。

美容养颜

枸杞红枣桂圆茶

🍲 材料

桂圆肉20克，红枣30克，枸杞15克，红糖10克

🍲 做法

1.砂锅中注水烧开，放入备好的桂圆肉、红枣、枸杞，用小火煮30分钟至食材析出有效成分。

2.加入红糖，拌煮至红糖完全溶化即可。

花生银耳牛奶

🍲 材料

花生米80克，水发银耳150克，牛奶100毫升

🍲 做法

1.洗好的银耳切小块。

2.砂锅中注水烧开，放入洗净的花生米，加入切好的银耳拌匀，用大火烧开后转小火煮20分钟。

3.倒入备好的牛奶，用勺搅拌匀煮热即可。

蒜泥拍黄瓜

🍅 材料

黄瓜200克，辣椒粉5克，蒜末10克，盐3克，鸡粉2克，食用油适量

🍚 做法

1.黄瓜用刀拍扁，斜切成段，装入一个大碗中。

2.备好碗，加入蒜末、盐、鸡粉、辣椒粉，拌匀。

3.热锅中淋入适量食用油，小火烧热，浇在配料碗中，拌匀，调成味汁，浇在黄瓜上，搅拌均匀，盛入盘中即可。

减肥瘦身

南瓜绿豆汤

🍅 材料

水发绿豆150克，南瓜180克，盐2克

🍚 做法

1.洗净的南瓜去皮去瓤，切成片，放在盘中，待用。

2.砂锅中注入适量清水烧开，放入洗净的绿豆，用大火煮沸后转小火煮约30分钟，至绿豆熟软。

3.倒入切好的南瓜，搅拌匀，用小火续煮约20分钟，至全部食材熟软。

4.加入盐，搅匀即可。

chapter 03

特殊人群
营养计划

少儿期、孕期、中老年期等不同生理阶段的人群在生理状况及营养代谢方面有着不同的特点，对营养的需求也不尽相同，而且这些特殊人群的抵抗力相对较弱，对于他们来说，需要制订适合这一时期的营养计划，才能满足身体所需，保证身体健康。

第❶节 🥣

儿童营养直通车

儿童正处于身体和智力都高速发展的关键时期，营养是帮助儿童健康成长所必需的物质，因此通过合理饮食为儿童补充充足营养十分重要。

儿童营养面面观

儿童时期生长发育迅速，身体各组织器官需要充足的营养来濡养，且这个时期儿童的运动量逐渐增大，所以对蛋白质、糖类等供能物质的需求特别大，对维生素、矿物质等亦有较大需求。

● 蛋白质

蛋白质是构成机体组织、器官的重要成分，人体各组织器官无一不含蛋白质。儿童正处于生长发育的关键时期，蛋白质的供给特别重要。每天应供给足量的蛋白质，一般每天需45～55克。

对儿童来说，既要保证膳食中有足够的蛋白质数量，还应保障蛋白质的质量。也就是在儿童膳食中，动物性蛋白质和大豆类蛋白质的量要占蛋白质总摄入量的1/2。可从鲜奶、鸡蛋、肉、鱼、大豆制品等食物中摄取动物性蛋白质，其余所需的蛋白质可由谷类等食物提供。

● 脂肪

脂肪主要给机体供给能量，帮助脂溶性维生素吸收，构成人体各脏器、组织的细胞膜。储存在体内的脂肪还能维持体温及保护内脏不受损害。体内脂肪由食物内脂肪供给或由摄入的糖类和蛋白质转化而来。儿童正处在生长发育期，需要的能量相对高，每日膳食中脂肪提供的热量摄入量应占总热量的25%～30%，摄入过多或过少都不利于孩子的生长发育。如果脂肪缺乏，儿童往往会出现体重不增、食欲差、易感染、皮肤干燥的表现；但如果脂肪摄入过多，剩余的脂肪就会储存在体内，造成肥胖，日后患动脉粥样硬化、冠心病、糖尿病等疾病的危险性就会增加。

膳食中脂肪的主要来源是动物性脂肪和植物油。而在动物性食物中，畜肉类脂肪含量丰富，且多以饱和脂肪酸为主，猪肉脂肪含量高于牛、羊肉。此外，坚果中脂肪含量也比较高，是日常生活中多不饱和脂肪酸的重要来源，但在食用时也需要控制食用量，谨防热量超标。

● 糖类

糖类是人类获取能量的最经济和最主要来源，也是体内一些重要物质的组成成分，它还参与帮助脂肪完成氧化和分解，防止蛋白质损失，对维持神经系统的功能活动也有着特殊作用。

儿童每日膳食中糖类所提供的热能应占总热能的55%～60%。如果摄入不足，可导致能量摄入不足，体内蛋白质合成减少，机体生长发育迟缓，体重减轻；如果摄入过多，导致能量摄入过多，则造成脂肪积聚过多而肥胖。

　　谷类、薯类、豆类、水果等许多食物都富含糖类，多补充这些食物既能保证糖类的摄入，还能预防儿童便秘。但是蔗糖等纯糖摄取后被迅速吸收，易以脂肪的形式储存在体内，引起肥胖、龋齿和行为问题，要控制好摄入量。

● 矿物质

　　矿物质能够参与构成人体组织结构，参与调节身体各种生理功能的正常发挥。儿童正处于生长发育期，各项生理功能不断完善，代谢活动相对较旺盛，及时适量补充矿物质对儿童健康成长非常重要。在矿物质中，钙、铁、锌对儿童的生长发育和机体健康的意义重大，尤其要注意补充。

　　钙是塑造骨骼的主要材料，儿童正处于生长发育阶段，骨骼的增长最为迅速，在这一过程中需要大量的钙质，因此钙对于儿童来说尤其重要。如果膳食中缺钙，儿童就会出现骨骼钙化不全的症状，如鸡胸、O形腿、X形腿等。儿童每日钙的适宜摄入量为800毫克左右。在日常膳食中，乳类含钙量高，易吸收，是儿童膳食钙的良好来源。此外，豆类、绿色叶菜类也是钙的良好来源。儿童膳食可以食用连皮带骨的小虾、小鱼及一些坚果，可增加钙的摄入量。维生素D可以促进钙的吸收，建议给儿童补钙的同时多晒晒太阳，补充维生素D。

　　铁是构成血红蛋白、肌红蛋白的原料，是维持人体正常重要活动的一些酶的组成成分。儿童铁缺乏会造成缺铁性贫血，表现出如易疲劳、脸色和指甲苍白、手脚发凉、免疫力低下、发育迟缓、食欲差等。儿童铁的适宜摄入量约为12毫克，动物性食品中的血红素铁吸收率一般在10%或以上，动物肝脏、动物血、瘦肉是铁的良好来源。豆类、绿叶蔬菜、红枣、禽蛋类等虽为非血红素铁，但含量较高。膳食中丰富的维生素C可促进铁的吸收。

锌

锌能维持正常的免疫功能，并且由于锌与多种酶、核酸及蛋白质的合成密切相关，能够促进细胞正常分裂、生长和再生，对生长发育旺盛的儿童有重要的营养价值。锌缺乏可引起食欲减退、味觉异常、生长迟缓、认知行为改变，影响智力发育，导致免疫力低下等。儿童每日锌的推荐摄入量为12毫克左右。所有食物均含有锌，但不同食物中的锌含量和利用率差别很大，动物性食物的锌含量高于植物性食物。锌最好的食物来源是贝类食物，如牡蛎、扇贝等，利用率也较高；其次是动物的内脏（尤其是肝）、蘑菇、坚果类和豆类；肉类（以红肉为多）和蛋类中也含有一定量的锌，牛、羊肉的锌含量高于猪肉、鸡肉、鸭肉。

● 维生素

虽然说维生素的含量在体内是比较少的，但却是人体不可缺少的一种物质，对孩子的生长发育起着非常重要的作用。大部分维生素不能在体内合成或合成量不足，必须依靠食物来提供。

维生素A

维生素A可以促进儿童的生长发育，保护上皮组织，防止眼结膜、口腔、鼻咽及呼吸道的干燥损害，还可以维持正常视力。维生素A主要存在于动物和鱼类的肝脏、脂肪、乳汁及蛋黄内。有色蔬菜和水果，如胡萝卜、菠菜、杏、柿子等含胡萝卜素较多，胡萝卜素在人体内可转化成维生素A。儿童每日维生素A摄入量为每日500～700微克。过多服用维生素A制剂可造成体内积蓄，导致中毒。

维生素 B_1

维生素B_1能促进儿童生长发育，调节糖类代谢。儿童每日维生素B_1的需求量在0.8～1.0毫克，谷物的胚和糠麸、酵母、坚果、豆类、瘦肉等是维生素B_1的良好膳食来源。

维生素 B_2

维生素B_2对氨基酸、脂肪、糖类的生物氧化过程及热量代谢极为重要，能维持皮肤、口腔和眼睛的健康。儿童每天维生素B_2的需要量为0.8～1.0毫克，可从动物肝脏、奶类、蛋黄、绿叶蔬菜中获取。

维生素 C

维生素C能维持牙齿、骨骼、血管的正常功能，参与新陈代谢，增强机体抵抗力等。儿童对于维生素C的每日需要量为40～45毫克，新鲜水果和蔬菜中富含维生素C。

维生素 D

维生素D可以调节钙、磷代谢，帮助钙的吸收，促进钙沉着于新骨形成部位。儿童如果缺乏维生素D，容易发生佝偻病及手足抽搐症。动物肝脏、鱼肝、蛋黄等动物性食物中含有维生素D。此外，人体皮肤组织中的7－脱氢胆固醇通过阳光下的紫外线作用，可形成维生素D。为了预防维生素D缺乏，应让孩子多晒太阳。

● 水

水是维持生命必需的物质，机体的物质代谢、生理活动均离不开水的参与。水是人体中含量最多的成分，新生儿总体水最多，约占体重的80%，婴幼儿次之，约占体重的70%。儿童每日每千克体重对水的需要量为90~100毫升。腹泻、呕吐时排水量增多，对水的需要量也相对增多。

儿童营养饮食的关键

合理搭配，全面营养。儿童膳食应当由5部分组成：谷物和薯类、乳制品、鱼肉禽蛋类、豆类及其制品、蔬菜和水果。强调主食地位，蔬菜重要，肉食辅之；主食粗细兼有，菜肴荤素搭配。甜食和油炸食品、烧烤制品不宜多食。

美味和营养要兼顾。必要时换个食物的做法，如不喜欢吃蔬菜，就把蔬菜切碎做成包子。

合理加工，科学烹饪。食物尽可能松软、细腻，这样有助于消化；将菜洗干净后再切，这样做的目的是避免水溶性营养素的耗损；蔬菜要浸泡足够长时间，避免化肥、农药和虫卵对人的伤害；蔬菜下锅后，用大火炒，且速度要快，避免维生素C被破坏。食盐不要加入太早，否则营养素会损失。

吃饭不宜太饱，做到少食多餐。儿童的胃容量小，且消化系统尚处于稚嫩的阶段，一次不能吃太多食物，但身体活动量大，能量消耗也大，故建议少食多餐。最好采用"三餐两点制"，每一顿饭吃七八分饱，在早中餐、中晚餐之间分别加一次点心。

饮食宜清淡。儿童的膳食应清淡、少盐、少油脂，并避免添加辛辣等刺激性物质和调味品，甜食、油炸食品和烧烤制品要少吃。

不挑食，不偏食。如果儿童不愿吃蔬菜，可变换蔬菜的品种、烹饪方法和菜肴搭配，吸引注意力，慢慢纠正挑食、偏食的不良习惯。

正确选择零食。首选天然来源的食物，如水果蔬菜、奶类及其制品、坚果类，限制膨化食品、饼干、蛋糕、蛋黄派、瓜子、薯干、肉干、果干等食品添加剂多且甜腻的零食。

儿童营养餐单

美味肉类

猪肉包菜卷

🍲 材料

肉末60克，包菜70克，西红柿75克，洋葱50克，蛋清40克，姜末少许，盐2克，水淀粉适量，生粉、番茄酱各少许

😋 做法

1.包菜焯水至断生，捞出沥水，放凉后修整齐。

2.西红柿去皮，切碎；洗净的洋葱切丁。

3.取一只碗，放入西红柿、肉末、洋葱，撒上姜末，加入盐、水淀粉，拌匀制成馅料。

4.蛋清中加入少许生粉，拌匀。

5.取包菜，放入适量馅料，卷成卷，用蛋清封口，制成数个包菜卷生坯。

6.蒸锅上火烧开，放入包菜卷生坯，用中火蒸约15分钟。

7.取出蒸熟的包菜卷，浇上番茄酱即可。

粉蒸牛肉

材料

牛肉500克,粉蒸肉粉100克,葱花适量,
食用油5毫升,生抽5毫升,盐2克

做法

1.牛肉切块,装入碗中,加入生抽,搅
拌匀。

2.淋入食用油,撒上盐,搅拌均匀。

3.放入粉蒸肉粉,充分拌匀,盛入小笼
屉中。

4.蒸锅注水烧开,放入牛肉,大火煮开后
调成中火蒸50分钟。

5.将蒸熟的牛肉取出,撒上葱花即可。

海带筒骨汤

材料

筒骨200克,水发海带200克,姜片、葱花
各少许,盐2克

做法

1.泡发好的海带洗净,切成条形,再打
成结。

2.筒骨放入锅中余水,捞出,放入凉水中
洗净。

3.取砂锅,倒入海带、筒骨,放入姜片,
加足量清水,盖上盖,用大火煮开后转小
火煮1小时。

4.加入盐,拌匀,撒上葱花即可。

五彩鸡米花

材料

鸡胸肉85克，圆椒60克，胡萝卜40克，茄子60克，姜末、葱末各少许，盐3克，鸡粉2克，水淀粉3克，料酒3毫升，食用油适量

做法

1.洗净的圆椒去籽，切成丁；洗好的胡萝卜去皮，切成丁；洗好的茄子切成丁。

2.洗净的鸡胸肉切成丁，装入碗中，放入少许盐、水淀粉，抓匀，再加入少许食用油，腌渍3分钟至入味。

3.锅中注水烧开，放入胡萝卜、茄子，煮1分钟至断生，捞出沥水。

4.用油起锅，放入鸡胸肉，翻炒松散至鸡肉转色，加入圆椒，翻炒均匀。

5.倒入胡萝卜和茄子，加入盐和鸡粉，快速翻炒至食材熟软即可。

胡萝卜牛肉汤

🍲 材料

牛肉125克，去皮胡萝卜100克，姜片、葱段各少许，盐1克

🍚 做法

1.胡萝卜切滚刀块；牛肉切块。

2.牛肉汆去血水，捞出待用。

3.砂锅注水烧开，倒入牛肉，放入姜片，用大火煮开后转小火炖1小时至牛肉熟软。加入胡萝卜搅匀，续煮30分钟。

4.加入盐，放入葱段，搅拌均匀即可。

鳕鱼蒸鸡蛋

🍲 材料

鳕鱼100克，鸡蛋2个，盐1克

🍚 做法

1.鳕鱼上锅蒸熟，凉凉后切碎。

2.鸡蛋打入碗中，加入盐，打散，放入一部分鳕鱼碎，搅拌匀，上锅蒸熟。

3.将蒸好的鸡蛋羹取出，再放上剩余的鳕鱼肉即可。

虾仁四季豆

🍅 材料

四季豆200克，虾仁70克，姜片、蒜末各少许，盐4克，料酒4毫升，食用油适量

🍲 做法

1.四季豆切成段，焯水至断生。

2.虾仁去除虾线，加入少许盐，抓匀，腌渍10分钟。

3.用油起锅，放入姜片、蒜末爆香，倒入虾仁和四季豆，炒匀，淋入料酒，炒香，加入盐，拌炒均匀即可。

三文鱼豆腐汤

🍅 材料

三文鱼100克，豆腐150克，莴笋叶50克，葱花少许，盐2克，食用油适量

🍲 做法

1.莴笋叶切段；豆腐切成小方块。

2.三文鱼切成片，装入碗中，加入盐，拌匀，再倒入适量食用油，腌渍10分钟。

3.锅中注水烧开，淋入食用油，倒入豆腐块，搅匀，煮沸，再倒入莴笋叶和三文鱼，搅匀，煮熟。

4.将煮好的汤料盛入碗中，撒上葱花即可。

清蒸鲈鱼

🍲 材料

鲈鱼1条，姜片、葱丝、红椒丝各适量，蒸鱼豉油10毫升，食用油适量

🍲 做法

1.将宰杀处理干净的鲈鱼腹部切开，放入盘中，放上姜片。

2.蒸锅注水，放入鲈鱼，大火蒸8分钟至熟。

3.取出蒸熟的鲈鱼，撒上姜丝、葱丝、红椒丝。

4.热锅注油，烧至七成热，浇在鲈鱼上。

5.热锅中再加入蒸鱼豉油，烧开后浇在鲈鱼周围即可。

健康蔬菜、蛋类及豆制品

蒜香粉蒸胡萝卜丝

材料

胡萝卜170克，蒸肉米粉40克，葱花8克，蒜末适量，盐2克，香油适量

做法

1.洗净去皮的胡萝卜切成丝，装入碗中，加入盐、香油，再放入蒜末，搅拌均匀，放入备好的蒸肉米粉，搅拌片刻。

2.将拌好的胡萝卜丝装入备好的盘中，待用。

3.蒸锅注水烧开，放入胡萝卜丝，蒸10分钟。

4.取出蒸熟的胡萝卜丝，撒上葱花即可。

胡萝卜炒马蹄

🥕 材料

去皮胡萝卜80克，去皮马蹄150克，葱段、蒜末、姜片各适量，盐3克，水淀粉、食用油各适量

🍲 做法

1.马蹄肉切成小块；胡萝卜切成小块，用模具压成花。

2.胡萝卜和马蹄焯水至断生。

3.用油起锅，倒入姜片、蒜末、葱段爆香，倒入胡萝卜、马蹄，拌炒匀。

4.加入盐，拌炒约1分钟入味，加入水淀粉翻炒均匀即可。

清炒菠菜

🥕 材料

菠菜350克，蒜末适量，盐3克，鸡粉2克，水淀粉5毫升，食用油适量

🍲 做法

1.菠菜择洗干净，切成段。

2.锅中注入适量清水烧开，放入菠菜，焯1分钟，捞出沥水，待用。

3.炒锅热油，放入蒜末爆香，放入菠菜，翻炒片刻。

4.加入盐、鸡粉，炒匀调味。

5.加入水淀粉勾芡，翻炒均匀后即可出锅。

鸡蛋胡萝卜泥

🍅 材料

胡萝卜100克，豆腐120克，鸡蛋1个，盐少许，食用油适量

🍲 做法

1.将洗净的胡萝卜切成丁。

2.把胡萝卜放入烧开的蒸锅中，用中火蒸10分钟。再放入豆腐，继续蒸3分钟至其熟透。

3.取出蒸好的胡萝卜和豆腐，放凉后把豆腐和胡萝卜压碎，剁成泥。

4.鸡蛋打入碗中，用筷子打散调匀。

5.用油起锅，倒入胡萝卜泥，加适量清水，拌炒片刻。加入豆腐泥，拌炒至胡萝卜和豆腐混合均匀。

6.调入少许盐，炒匀，再倒入备好的蛋液，快速搅拌均匀即可。

西红柿面包鸡蛋汤

🍲 材料

西红柿95克，面包片30克，高汤200毫升，鸡蛋1个

🍲 做法

1.鸡蛋打入碗中，打散。

2.汤锅注水烧开，放入西红柿，烫煮1分钟，捞出，放凉后去皮，切成小块。

3.面包片去边，切成粒。

4.将高汤倒入汤锅中烧开，下入西红柿，用中火煮3分钟至熟。

5.倒入面包，搅拌匀，再倒入备好的蛋液，拌匀煮沸即可。

三鲜豆腐

🍲 材料

豆腐100克，蟹味菇90克，虾仁80克，葱花适量，盐2克，鸡粉2克，香油适量

🍲 做法

1.豆腐切块；蟹味菇切成小朵；虾仁去虾线。

2.锅内注水烧开，倒入虾仁、豆腐、蟹味菇，中火煮8分钟。

3.加入盐、鸡粉、香油拌匀。

4.将煮好的食材盛入碗中，撒上葱花即可。

豆皮炒白菜

🍲 材料

白菜300克，水发豆皮200克，菠菜50克，蒜末适量，盐3克，生抽5毫升，食用油适量

🍚 做法

1.白菜和菠菜洗净，切成段。

2.水发豆皮切成条，下入沸水锅中焯烫片刻，捞出沥水。再放入菠菜，焯至断生，捞出沥水。

3.用油起锅，倒入蒜末，爆香，倒入白菜段，翻炒均匀，再倒入豆皮和菠菜，继续翻炒片刻。

4.加入盐，淋入生抽，炒匀调味即可。

黄瓜炒土豆丝

🍲 材料

去皮土豆120克，黄瓜110克，葱末、蒜末各少许，盐3克，鸡粉、食用油各适量

🍚 做法

1.黄瓜切成丝；去皮土豆切成丝。

2.锅中注水烧开，放入少许盐，倒入土豆丝，煮至其断生，捞出沥干水分。

3.用油起锅，下入蒜末、葱末，用大火爆香。

4.倒入黄瓜丝，翻炒至析出汁水，再放入土豆丝，快速翻炒至全部食材熟透。

5.加入盐、鸡粉，翻炒均匀即可。

花样主食

马蹄胡萝卜饺子

材料

马蹄200克，胡萝卜200克，饺子皮数张，盐1克，香油3毫升，食用油少许

做法

1.马蹄去皮切片；胡萝卜去皮切片。

2.锅中注水烧开，放入胡萝卜和马蹄，拌匀，煮至断生，捞出沥干水分后切碎，加入盐和香油，搅拌匀，制成馅料。

3.取饺子皮，放上馅料，收口，捏紧呈褶皱花边，制成饺子生坯。

4.取蒸盘，刷上一层食用油，放上饺子生坯，放入蒸锅蒸8分钟即可。

菠菜小银鱼面

🧅 材料

菠菜60克，鸡蛋1个，面条
100克，水发银鱼干20克，
盐2克，食用油4毫升

🍲 做法

1.将鸡蛋打入碗中，搅散制成蛋液。

2.洗净的菠菜切成段；备好的面条折成小段。

3.锅中注水烧开，淋入少许食用油，加入盐，撒上
洗净的银鱼干，煮沸后倒入面条，用中小火煮约3分
钟，至面条熟软。

4.倒入切好的菠菜，搅拌匀，煮至面汤沸腾。

5.倒入备好的蛋液，边倒边搅拌，使蛋液散开，续煮
片刻至浮现蛋花即可。

鲈鱼西蓝花粥

材料

鲈鱼100克，水发大米200克，西蓝花60克，盐2克，香油5毫升，食用油少许

做法

1.洗净的西蓝花切成小朵。

2.鲈鱼切成小块，去皮去刺，剁碎，装入碗中，加入少许盐，拌匀腌渍约10分钟。

3.砂锅中注水烧开，倒入大米，拌匀，煮沸后淋入少许食用油，搅拌匀，用小火煮约30分钟至米粒熟软。放入西蓝花和鲈鱼肉，搅散拌匀，用小火煮约5分钟。

4.加入盐，淋入香油拌匀即可。

扬州炒饭

材料

熟米饭300克，豌豆50克，金华火腿50克，鸡蛋1个，去皮胡萝卜50克，蒜末少许，盐3克，生抽5毫升，食用油适量

做法

1.胡萝卜切成丁；金华火腿切成粒。

2.鸡蛋打入碗中，搅散。

3.豌豆焯水至断生。

4.热锅注油，倒入蒜末爆香，倒入米饭炒散，倒入鸡蛋炒匀。

5.倒入金华火腿、豌豆、胡萝卜炒匀。

6.加入盐、生抽，炒匀入味即可。

健康零食

菠萝牛奶布丁

材料

牛奶500毫升，细砂糖40克，香草粉10克，蛋黄2个，鸡蛋3个，菠萝粒15克

做法

1.将锅置于火上，倒入牛奶，用小火煮热。

2.加入细砂糖、香草粉，改大火，搅拌匀后关火，放凉。

3.将鸡蛋、蛋黄倒入容器中，用搅拌器拌匀。

4.把放凉的牛奶慢慢倒入蛋液中，边倒边搅拌，搅拌匀后用筛网过筛两次，倒入量杯中，再倒入牛奶杯，至八分满。

5.将牛奶杯放入烤盘中，再往烤盘中倒入适量清水。

6.烤盘放入烤箱中，上、下火调成160℃，烤15分钟至熟。

7.取出烤好的牛奶布丁，放凉，放入菠萝粒装饰即可。

葡式蛋挞

🍲 材料

细砂糖30克，鸡蛋2
个，纯牛奶80毫升，
蛋挞皮适量

🍽 做法

1.鸡蛋打散，制成蛋液，加入细砂糖，倒入纯牛奶，搅拌均匀。

2.用过滤网将蛋液过滤两次。

3.将蛋液倒入备好的蛋挞皮中，至八分满，再放入烤盘中。

4.打开预热好的烤箱，放入烤盘，用上、下火180℃烤20分钟即可。

第❷节

孕妇营养直通车

从妊娠开始至分娩，母体会发生一系列的生理改变。在此期间，母体不仅要供给自身生理变化的营养要求，还要供给胎儿生长发育所需要的营养。孕妇的营养不仅关系自身健康，更会影响胎儿乃至婴儿的健康发育和成长。

孕妇营养面面观

在人生的各个阶段，没有哪个阶段像胎儿这样依赖母体，母体的营养与胎儿的发育密切相关。如果孕期营养不良、营养素储备不足，胎儿就无法从母体中摄取足够的营养素，其发育就会受到影响。

对于孕妇来说，除了合理补充人体所需的营养素之外，还应特别关注以下几种营养素：

● 叶酸

叶酸能为胎儿提供细胞发育过程中所必需的营养物质，保障胎儿神经系统的健康发育，增强胎儿的脑部发育，预防新生儿贫血，降低新生儿患先天白血病的概率。胎儿神经管发育的关键时期在怀孕初期第17～30天。此时，如果叶酸摄入不足，可能引起胎儿神经系统发育异常。研究发现：女性孕前1～2个月内每日补充400微克叶酸，可使胎儿发生唇腭裂的概率降低25%~50%，先天性心脏病的概率降低35.5%。因此，女性从计划怀孕开始前3个月就要开始补充叶酸，可有效预防胎儿神经管畸形。对孕妈妈来说，叶酸具有提高孕妈妈的生理功能、提高抵抗力、预防妊娠高血压症等功效。

由于天然的叶酸极不稳定，易受高温的影响而发生氧化，长时间高温烹调会将其破坏，所以人体能从食物中获得的叶酸并不多，烹饪时要注意一些事项，如淘米时不要用力搓洗，蔬菜要急火快炒，烹饪方式少选高温煎炸等，以便更好地保留食物中的叶酸。动物内脏、鸡蛋、豆类、绿叶蔬菜、水果及坚果等食物含有叶酸，也可以额外服用叶酸片剂来保证摄入量，每日补充0.6～0.8毫克，最高不超过1毫克。

● 铁

怀孕后，孕妇的血容量扩充，铁的需要量就会增加，如果不注意铁的摄入，易引起缺铁性贫血，孕妈妈可能会出现心慌气短、头晕乏力等症状，导致胎儿宫内缺氧、生长发育迟缓、出生后易患营养性缺铁性贫血等。孕妈妈每日铁的摄入量为15~20毫克，瘦肉、猪肝、鸡蛋、海带、绿色蔬菜、樱桃等富含铁。

● 锌

锌在生命活动过程中起着转运物质和交换能量的作用，故被誉为"生命的齿轮"。充足的锌对胎儿器官的早期发育很重要，还有助于防止流产及早产。牡蛎、南瓜子、花生、口蘑、香菇、鸡腿菇、牛肉、虾、带鱼、海带、黑豆、黑米等食物富含锌，孕妈妈每日锌的摄入量为12~16毫克。

● 钙

钙是构成牙齿和骨骼的重要物质，胎儿的骨骼和牙齿的发育都需要从孕妈妈体内摄取大量的钙。而且钙缺乏会使孕妈妈对各种刺激变得敏感，情绪容易激动，变得烦躁不安，也易患骨质疏松症，或使骨盆变形造成难产，严重者甚至会影响婴儿的智力。孕妈妈每日钙的摄入量为800～1000毫克，奶制品、虾米、虾皮、海鱼、豆类及豆制品等食物中富含钙。

● 碘

孕妈妈在妊娠期的甲状腺功能活跃，碘的需求量增加，碘缺乏是导致育龄妇女孕产异常的危险因素之一。而且胎儿的大脑和神经系统的发育都需要碘的参与，如果胎儿甲状腺激素合成不足，会造成大脑皮质中主管语言、听觉和智力的部分不能得到完全分化和发育。人体的碘80％~90％来源于食物，孕妈妈每天需要补碘150~200微克，海带、紫菜、海参、海蜇、蛤蜊及碘盐等含碘比较丰富。

孕期营养饮食的关键

● 主食不能少

孕妈妈每餐都要有主食，才能符合营养饮食的基本要求，而且还需要做到粗细搭配，如二米饭（大米+小米）、红豆饭、绿豆饭、杂粮粥、全麦面条等。

● 蛋白质不能少

鱼、肉、蛋、奶、大豆制品等高蛋白食物对孕妈妈来说特别重要。与未怀孕时相比，孕早期、孕中期和孕晚期分别需增加摄入5克、15克和20克蛋白质。早餐可以补充奶制品、蛋类、大豆制品等，以提供优质蛋白质；午餐和晚餐可以摄入畜禽肉类、鱼虾类、蛋类、大豆制品等；加餐则可以选用奶类、坚果类等富含蛋白质的食物。

● 蔬菜不能少

蔬菜中维生素、矿物质和膳食纤维的含量都十分丰富，且脂肪含量很低，具有很高的营养价值。孕妈妈每餐都要有蔬菜，其中应以绿色叶菜为主，红、黄或紫色蔬菜可以作为补充。另外，食用菌可以使餐桌蔬菜更丰富多样。

● 加餐不能少

孕期是一个比较特殊的时期，孕妈妈所摄入的营养物质不仅要供给自身，还要供给胎儿，所以更容易感觉到饿。孕妈妈可以在两餐之间食用一些健康的食物来补充营养。坚果、酸奶、牛奶、奶酪、新鲜水果或果汁、蔬菜或蔬菜汁、全麦制品等都是很好的加餐食物；而高脂肪、高能量、食品添加剂多的饼干，以及蛋黄派、方便面、碳酸饮料和薯条、薯片等膨化食品则不宜选用。

● 适当服用营养素补充剂

如果孕妈妈通过饮食难以达到均衡膳食的要求时，适当服用营养素补充剂也是有必要的，但这需要在专业医生的指导下服用。钙、铁、锌、叶酸、B族维生素、维生素D等都是孕期容易缺乏的营养素，可以根据自身情况及医生的建议补充。

孕妇营养餐单

美味肉类

四季豆烧排骨

材料

四季豆200克，排骨300克，姜片、蒜片、葱段各少许，盐2克，鸡粉1克，生抽、料酒各5毫升，水淀粉、食用油各适量

做法

1洗净的四季豆切段。

2.沸水锅中倒入洗好的排骨，余去血水及脏污，捞出沥水。

3.热锅注油，倒入姜片、蒜片、葱段，爆香，倒入余好的排骨，炒匀，加入生抽、料酒，将食材翻炒均匀。

4.倒入四季豆炒匀，注入适量清水，用中火焖15分钟至食材熟软入味。

5.加入盐、鸡粉，炒匀，用水淀粉勾芡，炒至收汁即可。

香菇鸡

🍅 材料

鸡胸肉200克，干香菇30克，四季豆80克，青豆50克，盐2克，鸡粉2克，生粉3克，料酒5毫升，生抽5毫升，水淀粉、食用油各适量

🍲 做法

1.干香菇洗净后泡发；洗净的四季豆切成段。

2.香菇、青豆、四季豆分别放入沸水锅中焯至断生。

3.洗净的鸡胸肉切成块，放入少许盐、料酒、生抽、生粉，拌匀，腌渍20分钟。

4.热锅注油，烧至七成热，放入鸡胸肉，滑油片刻，捞出待用。

5.锅底留油，倒入香菇、青豆、四季豆和鸡胸肉，翻炒熟。加入盐、鸡粉，炒匀，再淋入水淀粉勾芡即可。

牛肉芥蓝

🍳 材料

牛肉200克，芥蓝100克，鲜百合50克，盐3克，鸡粉3克，蒜末5克，生抽5毫升，老抽3毫升，水淀粉、食用油各适量

🍲 做法

1.牛肉切粗条；鲜百合掰成瓣；芥蓝切开。

2.锅内注水烧开，加入适量食用油，放入鲜百合，倒入芥蓝煮至断生，盛出摆放在盘中待用。

3.热锅注油，倒入蒜末爆香，倒入牛肉，炒至转色。

4.倒入鲜百合，翻炒至食材熟软。

5.加入盐、鸡粉、生抽、老抽炒匀入味，注入少许清水，加入适量水淀粉勾芡。

6.关火后将炒好的牛肉摆放在芥蓝上即可。

花生炖羊肉

🍅 材料

羊肉400克，花生仁150克，葱段、姜片、香菜叶各少许，盐、鸡粉、白胡椒粉各3克，生抽10毫升，水淀粉、食用油各适量

🍲 做法

1.洗净的羊肉切厚片，改切成块，放入沸水锅中，搅散，氽煮至转色，捞出沥水。

2.热锅注油烧热，放入姜片、葱段，爆香，放入羊肉，炒香，加入生抽，注入300毫升清水，倒入花生仁，撒上盐，大火煮开后转小火炖40分钟。

3.加入鸡粉、白胡椒粉、水淀粉，充分拌匀入味。

4.将炖好的羊肉盛入碗中，撒上洗净的香菜叶即可。

高压小米粉蒸排骨

🍲 材料

排骨段400克，水发小米90克，葱花、姜片、蒜末各适量，盐3克，鸡粉3克，生抽5毫升，料酒5毫升，生粉5克，香油5毫升

🍲 做法

1. 洗净的排骨段装入碗中，放入备好的姜片、蒜末，再加入盐、鸡粉，淋入生抽、料酒，拌匀至入味。

2. 把沥干水的小米倒入碗中，与排骨段充分拌匀，撒上生粉，搅拌匀，再淋入香油，拌匀，腌渍一会儿。

3. 取一个干净的盘子，倒入腌渍好的排骨，叠放整齐，待用。

4. 高压锅中注入适量清水，放上蒸架，再放入排骨，用中火压20分钟至食材熟透。

5. 取出压好的排骨，趁热撒上葱花即可。

核桃仁鸡丁

🍲 材料

核桃仁30克，鸡胸肉180克，青椒40克，胡萝卜50克，姜片、蒜末、葱段各少许，盐3克，鸡粉2克，食粉、料酒、水淀粉、食用油各适量

😋 做法

1.洗好的青椒对半切开，去籽，切成丁。

2.洗净的鸡胸肉切成丁，装入碗中，加少许盐、鸡粉，倒入适量水淀粉，淋入料酒，抓匀，注入适量食用油，拌匀，腌渍10分钟至入味。

3.洗净的胡萝卜去皮，切厚片，再切成丁，放入沸水锅中焯水至断生，捞出沥水。

4.往锅中加适量食粉，放入核桃仁，焯煮1分钟，捞出沥水。

5.另起锅，注油烧至三成热，放入核桃仁，炸出香味，捞出沥干油。锅底留油，放入姜片、蒜末和葱段，倒入鸡胸肉，翻炒至转色。

6.倒入青椒，快速翻炒至断生。倒入胡萝卜、核桃仁，加入盐、鸡粉，翻炒匀即可。

鲜美水产

烤三文鱼

🍲 材料

三文鱼300克，葱段6克，姜片5克，盐2克，料酒5毫升，生抽5毫升，食用油适量

🍚 做法

1.三文鱼洗净、擦干，切成块，装入碗中，再放入葱段、姜片、盐、料酒、生抽，拌匀，腌渍20分钟。

2.在铺好锡纸的烤盘上刷上食用油，放上腌好的三文鱼，待用。

3.预热烤箱，放入装有食材的烤盘，温度调为180℃，选择上下火加热，烤18分钟。

4.取出烤盘，将烤好的三文鱼装入盘中即可。

葱油鲤鱼

🍅 材料

鲤鱼350克，花椒3克，姜片4克，葱丝10克，干辣椒10克，盐2克，蒸鱼豉油、食用油各适量

🍚 做法

1.处理好的鲤鱼两面划上一字花刀。

2.热锅注油烧热，放入鲤鱼煎出香味，放入花椒、姜片、干辣椒炒香，注入适量清水煮沸，加入盐搅拌匀，大火焖5分钟。

3.将鲤鱼盛出，装盘，撒上葱丝，浇上蒸鱼豉油，再浇上热油即可。

葱香带鱼

🍅 材料

带鱼1条，姜片、葱段各适量，盐3克，料酒、生抽、老抽、白糖、食用油各适量

🍚 做法

1.带鱼处理干净，切成段，用纸巾把水吸干，放入碗中，加入姜片、葱段、盐、料酒、生抽、老抽、白糖，腌渍20分钟。

2.煎锅注入食用油，放入腌渍好的带鱼、姜片和葱段，煎至带鱼熟透，两面呈金黄色即可食用。

韭香小河虾

🍲 材料

韭菜100克，小河虾200克，红椒30克，盐、鸡粉各3克，蚝油、水淀粉、食用油各适量

🍳 做法

1.将洗净的红椒切粗丝；洗好的韭菜切长段。

2.用油起锅，倒入备好的河虾，炒匀，至其呈亮红色。

3.放入红椒丝，炒匀，倒入切好的韭菜，用大火翻炒，至其变软。

4.加入盐、鸡粉、蚝油，翻炒均匀，再淋入水淀粉勾芡，翻炒至食材入味即可。

健康蔬菜、蛋类及豆制品

青豆烧茄子

🍅 材料

青豆200克，茄子200克，蒜末、葱段各少许，盐3克，鸡粉2克，生抽6毫升，水淀粉、食用油各适量

😋 做法

1.洗净的茄子切成丁。

2.锅中注水烧开，加入少许盐、食用油，倒入洗净的青豆，搅拌匀，煮至断生，捞出沥水。

3.热锅注油，烧至五成热，倒入茄子，拌匀，炸约半分钟，至其色泽微黄，捞出沥干油。

4.锅底留油，放入蒜末、葱段，用大火爆香，倒入青豆，再放入茄子，快速炒匀。

5.加入少许盐、鸡粉，炒匀调味，淋入生抽，翻炒至食材熟软，再倒入适量水淀粉，用大火翻炒匀，至食材熟透即可。

花生仁菠菜

🍲 材料

菠菜270克，去皮花生仁50克，枸杞5克，
鸡粉2克，盐3克，食用油适量

🍚 做法

1.冷锅中倒入适量的食用油，放入花生
仁，用小火翻炒至飘出香味，关火后盛出
炒好的花生，装碟待用。

2.锅留底油，倒入洗净的菠菜，用大火翻
炒2分钟至熟。

3.加入盐、鸡粉、枸杞，炒匀。

4.关火后盛出炒好的菠菜，装盘，撒上花
生仁即可。

莲藕炒秋葵

🍲 材料

去皮莲藕250克，去皮胡萝卜50克，秋葵
50克，红椒20克，盐2克，鸡粉1克，食用
油适量

🍚 做法

1.胡萝卜、莲藕和红椒均切成片，秋葵斜
刀切片。

2.锅中注水烧开，加入食用油、盐，拌
匀，倒入胡萝卜、莲藕、红椒、秋葵，拌
匀，焯煮至断生，捞出沥干水。

3.用油起锅，倒入焯好的食材，加入盐、
鸡粉，炒匀即可。

虾仁蒸水蛋

材料

鲜虾80克，鸡蛋3个，小米椒1根，蒜末、葱花各适量，盐2克，生抽3毫升，料酒3毫升，食用油适量

做法

1.小米椒切圈。

2.鲜虾去掉头和虾线，倒入生抽、料酒，腌渍一会儿。

3.鸡蛋打入碗中，加入适量水，水和蛋液的比例为3:2，加入盐，充分搅匀，盖上保鲜膜，扎数个小孔。

4.蒸锅注水烧开，放入蛋液，大火蒸煮5分钟至蛋液凝固。

5.揭去保鲜膜，放入虾仁，继续蒸4分钟。

6.取出蒸煮好的虾仁鸡蛋，撒上适量蒜末和葱花，待用。

7.热锅注油，将油烧至五成热，浇在虾仁鸡蛋上即可。

油豆腐酿肉

🍲 材料

鸡蛋1个，香菇2朵，
猪肉馅50克，油豆腐
200克，玉米淀粉5
克，葱花少许，盐3
克，鸡粉2克，料酒5
毫升，食用油适量

🍲 做法

1.香菇洗净，去蒂，剁碎，倒入肉馅中。

2.鸡蛋打散，倒入肉馅中，加入玉米淀粉，放入少许盐、
料酒，顺着一个方向搅拌至起劲，制成肉馅。

3.把油豆腐切开，中间挖空，将肉馅塞入油豆腐中。

4.锅中注入食用油，放入油豆腐，倒入清水至没过油豆
腐，烧开后继续煮5分钟至汤汁收浓。

5.加入盐、鸡粉，拌匀调味。

6.将煮好的菜肴装入碗中，撒上葱花即可。

香菇拔生菜

🍅 材料
生菜400克，新鲜香菇8朵，红椒10克，盐3克，鸡粉2克，蚝油5克，食用油适量

🍲 做法
1.生菜清洗干净；红椒切成丝。

2.香菇洗净，去蒂，顶部切十字刀花。

3.锅中加水烧开，加入少许盐，再淋入少许食用油，放入香菇，煮2分钟，再放入生菜，煮熟，捞出沥水，装盘。

4.另起锅，淋入油，放入红椒，翻炒至断生，再加入少许清水，放入盐、鸡粉、蚝油、香菇，小火翻炒均匀，淋在生菜上即可。

芦笋佐鸡蛋

🍅 材料
芦笋250克，鸡蛋1个，盐2克，百里香碎、橄榄油各适量

🍲 做法
1.鸡蛋放入热水锅中煮熟，捞出，放凉后去壳，蛋白剁碎，蛋黄压成末，再将蛋白碎和蛋黄末拌匀，待用。

2.锅里倒入适量橄榄油烧热，放入芦笋煎成漂亮的油绿色，撒上少许盐，继续煎1分钟至熟，盛盘待用。

3.锅底留油，倒入鸡蛋末，撒入盐、百里香碎，炒匀，盛入装有芦笋的盘中即可。

茭白烧黄豆

🍅 材料

茭白180克，彩椒45克，水发黄豆200克，蒜末、葱花、香菜叶各少许，盐3克，鸡粉3克，水淀粉4毫升，香油2毫升，食用油适量

🍲 做法

1.洗净去皮的茭白切丁；彩椒切丁。

2.锅中注水烧开，放入黄豆拌匀，煮3分钟至熟，捞出沥水。

3.锅中倒入食用油烧热，入蒜末爆香，倒入茭白和彩椒，快速翻炒至断生。

4.加入黄豆，放入盐、鸡粉，炒匀调味。

5.加入少量清水，用大火收汁，淋入水淀粉勾芡，放入少许香油炒匀，加葱花，翻炒匀。

6.将炒好的食材盛入盘中，撒上香菜叶即可。

营养汤

老鸭汤

🍅 材料

鸭肉块400克，姜片
10克，水发油豆皮100
克，高汤适量，盐3
克，料酒5毫升

🍲 做法

1.锅中注水烧开，放入洗净的鸭肉块，淋入料酒拌匀，煮2分钟，捞出后过冷水，盛盘备用。

2.另起锅，注入高汤烧开，加入鸭肉块、姜片，拌匀，小火炖2小时至食材熟软。

3.加入油豆皮，续煮片刻，再加入盐调味即可。

海带牛肉汤

材料

牛肉150克，水发海带丝100克，姜片、葱段各少许，盐2克，鸡粉2克，胡椒粉1克，料酒6毫升

做法

1.洗净的牛肉切成丁。

2.锅中注入适量清水烧开，倒入牛肉，搅匀，淋入少许料酒，拌匀，余去血水，捞出沥水。

3.高压锅中注入适量清水烧热，倒入牛肉，撒上姜片、葱段，淋入少许料酒，盖好盖，拧紧，用中火煮炖30分钟至食材熟透。

4.打开盖子，倒入洗净的海带丝，转大火略煮一会儿，加入盐、鸡粉，撒上胡椒粉，拌匀即可。

玉米胡萝卜鸡肉汤

材料

鸡肉块350克，玉米170克，
胡萝卜120克，姜片、芹菜
叶各少许，盐、鸡粉各3克，
料酒5毫升

做法

1.洗净的胡萝卜去皮，切成小块；洗净的玉米切成
小段。

2.锅中注入适量清水烧开，倒入洗净的鸡肉块，加
入料酒，拌匀，用大火煮沸，余去血水，撇去浮
沫，捞出沥干水分。

3.砂锅中注入适量清水烧开，倒入鸡肉块，放入胡
萝卜、玉米，撒入姜片，淋入料酒，拌匀，烧开后
用小火煮约1小时至食材熟透。

4.放入盐、鸡粉，拌匀调味。

5.关火后盛出煮好的鸡肉汤，撒上少许芹菜叶即可。

花样主食

鸡肉炒饭

🍳 材料

鸡胸肉90克，米饭300克，豌豆50克，玉米粒50克，红椒20克，葱花适量，盐2克，鸡粉2克，食用油适量

🍲 做法

1.鸡胸肉切块；红椒切块。

2.锅内注水烧开，倒入豌豆、玉米粒，煮至断生，捞出沥水。

3.另起锅，注油烧热，倒入鸡胸肉炒至变色，盛出。

4.锅底留油，倒入米饭炒散，再倒入红椒翻炒软。

5.加入鸡胸肉、豌豆和玉米粒炒匀，撒入盐、鸡粉，翻炒匀。

6.将炒好的米饭盛入碗中，撒上葱花即可。

牛肉胡萝卜粥

材料

水发大米80克，胡萝卜40克，牛肉50克，盐2克

做法

1.洗净的胡萝卜去皮，切丝。

2.洗好的牛肉切片，倒入沸水锅中，余烫一会儿去除血水，捞出沥水，放凉后切碎。

3.砂锅注入少许清水烧热，放入泡好的大米，用大火煮开后转小火煮30分钟至米粒熟软。

4.放入胡萝卜，搅拌匀，继续煮10分钟。

5.倒入牛肉碎，撒入盐，搅拌至入味即可。

黑胡椒牛肉炒意大利面

材料

牛肉丝100克，青椒丝40克，红椒丝40克，意大利面300克，盐3克，鸡粉3克，生抽3毫升，黑胡椒4克，食用油、蒜末各适量

做法

1.锅内注水烧开，放入意大利面，煮熟软后捞出，沥干水分。

2.另起锅，淋入食用油烧热，倒入蒜末爆香，倒入牛肉丝炒至转色，再倒入意大利面、青椒丝、红椒丝炒匀。

3.加入盐、鸡粉、生抽，撒黑胡椒，炒匀即可。

香菇水饺

🍲 材料

香菇80克，肉末130克，饺子皮200克，姜末、葱花各适量，盐3克，鸡粉3克，生抽5毫升，花椒粉5克，香油5毫升，食用油适量

🍲 做法

1.洗净的香菇切成丁。

2.沸水锅中倒入香菇，焯煮片刻至其断生，捞出沥水。

3.往肉末中加入香菇、姜末、葱花、盐、鸡粉、生抽、花椒粉、香油、食用油，搅拌匀，制成饺子馅料。

4.往饺子皮上放上适量馅料，在饺子皮边缘涂抹一圈清水，将饺子皮两边捏紧。其他的饺子皮都采用相同方法制成饺子生坯，放入盘中待用。

5.锅中注入适量清水烧开，倒入饺子生坯，煮开后继续煮3分钟。加盖，用大火煮2分钟，至其上浮。

6.揭盖，捞出煮好的饺子，盛入盘中即可。

三丝炒面

🍲 材料

胡萝卜60克，火腿肠60克，面条150克，豆芽60克，香菇2朵，盐、鸡粉各3克，生抽5毫升，食用油适量

😋 做法

1.胡萝卜、火腿肠均切丝；香菇切成条。

2.锅内注水烧开，放入面条煮至熟软后捞出，过凉水。

3.热锅注油，倒入香菇、胡萝卜，翻炒至熟软。放入火腿肠、豆芽、面条炒香。

4.加入生抽、盐、鸡粉，翻炒约2分钟至入味即可。

第❸节 🥄

中老年人营养直通车

随着年龄的增长，身体的生理状态、各组织器官的功能都会发生不同程度的变化，一般到了 45 岁，人体骨骼开始萎缩，新陈代谢变慢，肠胃功能变弱，但身体对营养素的需求并没有降低。因此，在中老年阶段讲究科学合理的营养膳食，对抗衰延年和保持身体健康具有重要意义。

在日常生活中，应谨记不能由于自身年龄大了，基础代谢减少，而忽略了自身的营养与膳食难题。

中老年人营养面面观

中老年时期，人体机能逐渐下降，活动量减少，对日常饮食中能量的需求相对减少，但中老年人往往有多种基础疾病，因此在日常饮食中需要摄入足够的营养物质，如糖类、蛋白质以及钙质等，以保证营养的供给，维持身体健康。

● 蛋白质

蛋白质对中老人来说是十分关键的营养素，但数量不宜太多。中老年人因消化吸收功能减低，肝脏的解毒功能降低，肾脏清除废物的能力下降，如果过量摄入蛋白质，会导致消化不良和肝、肾的负担加重，反而会损害健康，因此更应注重蛋白质的质量。畜肉、蛋、奶、豆类食品等富含蛋白质，有益于蛋白在身体的生成和新陈代谢。中老人每日可喝250毫升牛乳，并常吃富含蛋白质的畜肉、蛋、奶、豆类等食物，就可以确保一定量的高品质蛋白质的摄入。

● 脂肪

脂肪是供应人体热能的重要食物来源，是组成人体细胞和细胞膜的重要物质，对机体的新陈代谢发挥重要的作用。脂肪还能改善食物口味，可增进中老年人食欲，摄入后较耐饥饿。

脂肪的主要来源为植物和动物食用油，肉、蛋、鱼、谷类和豆类等食物中都含有数量不多的脂肪。动物脂肪中以饱和脂肪酸为主，可促使血清胆固醇升高，易在动脉壁上沉积，是动脉粥样硬化的促发因素；植物油中含不饱和脂肪酸居多，可加速胆固醇从胆汁中排入肠内，降低血清胆固醇含量，是防止动脉粥样硬化的有利因素。因此，中老人在日常生活中应当少摄取动物脂肪，适当摄取植物脂肪。

● 糖类

糖类包括葡萄糖、果糖、麦芽糖、蔗糖以及淀粉、果胶、纤维素等。它能供给人体热能，维持正常脂肪代谢。糖类中的膳食纤维能促进肠道蠕动，增进消化腺分泌消化液，有利于食物的消化和排泄，并能减少有害物质在体内的积留和吸收，降低血清胆固醇。但由于中老年人糖耐量较差，胰岛素对血糖的调节作用减弱，若供给纯糖，常易发生血糖升高。此外，纯糖（蔗糖、葡萄糖、麦芽糖等）摄入过多常是发生高三酰甘油血症的原因，易患心肌梗死等病。因此，中老年人应控制糖果、精制甜点心的摄入量，使纯糖的摄入量不要过多。蔬菜、水果等富含膳食纤维的食物，提供热能较少，维生素和无机盐含量较多，既可防止热能过高，又可增加或改善营养，可以多吃。一般来说，中老人的糖分摄取量应占总热量的50%~55%，最多不可超出60%。

● 维生素

维生素为人体代谢和生长所必需之物，缺少时会影响我们的健康，甚至引起维生素缺乏症。

维生素 A

维生素A有促进生长、预防疾病等作用，能增加对传染病的抵抗能力和眼睛暗视能力。维生素A主要存在于动物肝脏、蛋黄内。绿叶和红黄色蔬菜中含有的胡萝卜素吸收到人体内，可转变成维生素A。

维生素 B_2

维生素B_2有促进生长、增强体质的作用。因为它是体内每个细胞进行氧化代谢所必需的物质，所以当缺乏维生素B_2时，就会出现口角炎、眼结膜炎、舌炎、黏膜溃疡以及阴囊皮炎等。新鲜蔬菜和水果中富含维生素B_2。

维生素 B_5

维生素B_5即烟酸，也是每个细胞进行氧化代谢所必需的化合物。其在酵母、肉类、谷类、花生、豆类中含量较高，一般不会发生缺乏。

维生素 B_{12}

维生素B_{12}能够帮助维持人体神经系统的正常运作、促进血液的生成和维持正常红细胞的稳定性。维生素B_{12}缺乏时会影响神经系统的健康，可能会导致周围神经炎的发生，会产生食欲不振、多发性神经炎。食物中以酵母、豆类、粮谷类、动物内脏、肉类、蛋类的含量较多。维生素B_{12}

在碱性环境中易破坏，所以在煮豆、煮粥或蒸馒头时，不要加过量的碱，以防维生素B_{12}大量被破坏。

维生素 C

维生素C具有强还原性，能维持许多器官、组织的正常功能与结构，对于创伤的愈合、解毒有明显作用。此外，维生素C还有促进许多无机盐及微量元素吸收的作用，能有效预防冠心病、高血压、肿瘤等。维生素C通常存在于新鲜的蔬菜与水果中，但易被氧化破坏，加热、加碱都会加速对其破坏，因此在炒菜时，应取急火快炒的方法，以减少破坏损失。

维生素 D

中老年人补钙要有维生素D的帮助。有很多中老年人发生骨质疏松，不一定是钙的不足，可能是缺乏维生素D，因而妨碍了钙的吸收和利用。中老年人要常到户外活动，晒晒太阳，既可防止维生素D缺乏，也对钙的吸收有益。

维生素 E

维生素E对人体可起促进代谢的作用，具有抗氧化作用，可阻止不饱和脂肪酸氧化，对供给人体营养有益，对老年人防止血管硬化的作用明显，有着防老抗衰的功效。维生素E存在于植物油、油料种子以及肉、奶油、奶、蛋等食物中。

● 矿物质

中老年人由于胃肠功能、肝肾功能的减弱，对矿物质的消化吸收功能也随之减弱，容易因某些矿物质元素不足或缺乏而引发疾病。

 钙

钙的吸收受到食物和生理因素的限制。中老年人更容易出现钙代谢负平衡，缺钙更为严重，而更年期女性由于内分泌功能下降，缺钙更为明显。饮食中钙的缺乏与骨质疏松和骨折密切相关，缺钙常常是自发性骨折的原因。此外，缺钙也与高血压有关。中国营养学会推荐的老年人膳食钙供给标准为每天800毫克。牛奶不仅钙含量高，而且钙磷的比例也合适，还含有维生素D、乳糖、氨基酸等促进钙吸收的因子，具有较高的吸收利用率，是饮食中高质量钙的主要来源。除了牛奶，还可以选择豆制品、海产品、高钙低草酸含量的蔬菜（如芹菜、油菜、紫花苜蓿等）、木耳、芝麻等天然钙含量高的食物。

 铁

老年人对铁的吸收不良、循环系统不良，会导致许多重要器官的血流量减少，血流速度降低，红细胞含量降低。因此，缺铁性贫血多见于老年人。对于老年人来说，摄入足够的、吸收利用率高的富铁食物，如瘦肉、禽肉、动物肝脏、血液等，或增加铁强化食品和营养补充剂，可预防老年性贫血，增强血液循环系统功能。

 锌

锌积极参与细胞代谢，并与免疫和食欲有关。调查结果发现，随着年龄的增长，血锌浓度呈下降趋势，提示应注意老年人缺锌的问题。老年人缺锌通常是由于饮食中锌供应不足和吸收不良造成的。但由于锌的吸收率较低，膳食供给应达到每天12~15毫克。牛肉、动物肝脏、家禽、鱼类和海产品（尤其是牡蛎）的锌含量高于植物性食物。谷物产品中锌的有效性很低，素食者可以多吃豆制品来补充缺锌。

中老年人营养饮食的关键

随着年龄的不断增长，人体各器官的生理功能都会有不同程度的减退，胃肠功能减退，食物不易消化吸收，基础代谢下降，容易肥胖等，便秘、高血压、血脂异常、糖尿病、心脑血管疾病等在中老年人群中也较为常见。此时，中老年人的饮食健康问题尤为重要，这不仅关系到身体健康，更关系到长期的生活质量。进入中老年时期后，营养饮食要做到以下几点：

● 避免挑食和偏食

有些中老年人喜欢肉类，不怎么吃蔬菜、豆制品，如果长期偏食挑食，易导致营养吸收不完全。绿叶蔬菜摄入不足会引起维生素C缺乏，维生素C能降低胆固醇，防止患有动脉硬化；摄入豆制品或豆类少的话，会增加血液中的胆固醇的含量，容易引起高脂血症。

● 不能吃得太油腻

大量吃富含胆固醇的食物，易导致高脂血症，因此中老年人要少吃猪肝、肥肉、蟹黄和奶油等食物。此外，也不能摄入太多糖分，因为糖分会在体内转化成脂肪堆积起来，容易导致冠状动脉堵塞而引起血栓。

● 不能长期吃精粮

随着生活质量的提高，很多中老年人喜欢吃精米白面，但这些精粮中含有的膳食纤维和微量元素比较少，长期吃不利于身体健康。建议粗粮细粮搭配着吃，燕麦、糙米等粗粮中含有的膳食纤维能促进胆固醇排泄，降低血液中的胆固醇含量。此外，食物吃得过于精细，或摄入的膳食纤维少，不易产生饱腹感，会导致进食过多，易引起身体肥胖，增加患高血压以及血管硬化的风险。

● 增加蛋白质的摄入

中老年人的肌肉、骨骼等组织不断退化，蛋白质是组成身体的重要成分之一，这使得蛋白质的摄入成为中老年人饮食中的重点。建议中老年人每天摄入足够的鱼、禽肉、蛋类、豆类等富含蛋白质的食物。

● 多摄入维生素

维生素是人体所需的营养素之一，对保持身体健康非常重要。建议中老年人在日常饮食中多摄入维生素C、维生素E、B族维生素等营养素，以增强身体免疫力，防止各种疾病。

● 宜吃温软清淡的食物

中老年人如果吃过于生冷寒凉的食物，易引起腹泻、腹痛等胃肠道不适，应尽量选择温性或平性食物。随着年龄增长，消化能力减弱，少吃难以消化的大鱼大肉和糯米等食物，可选择柔软的流质食物如粥类、牛奶或面条。另外，烹饪方式也有讲究，尽量通过蒸、煮、炖的方式来烹调食物，减少煎炸方式，远离辛辣刺激性以及油炸食物，以免增加胃肠道负担。以植物油代替动物油，控制食盐的摄入，避免吃腌制和过咸的食物，防止导致体内水分潴留而诱发高血压或肾病。

中老年人营养餐单

美味肉类

彩椒木耳炒鸡肉

材料

彩椒70克，鸡胸肉200克，水发木耳50克，蒜末少许，盐2克，鸡粉2克，水淀粉5毫升，料酒5毫升，食用油适量

做法

1.洗好的木耳切成小块；洗净的彩椒切成小块。

2.鸡胸肉切片，装入碗中，加入少许盐、鸡粉，淋入水淀粉拌匀，倒入食用油，腌渍10分钟至其入味。

3.锅中注入适量清水烧开，加入少许盐、食用油，倒入木耳搅散，煮至沸，放入彩椒块，搅拌匀，煮至断生，捞出沥水。

4.用油起锅，放入蒜末爆香，倒入鸡胸肉炒至变色，淋入料酒，炒匀提味。倒入木耳和彩椒，翻炒匀，加入适量盐、鸡粉，快速翻炒匀即可。

豆豉蒸排骨

🍲 材料

排骨段300克，葱花适量，红椒10克，白糖2克，盐3克，生抽5毫升，蚝油5克，豆豉酱10克，生粉适量

🍲 做法

1.红椒洗净，切成丁。

2.取一碗，放入洗净的排骨段，加入豆豉酱，再加入白糖、盐、生抽、蚝油、生粉，拌匀，盖上保鲜膜，待用。

3.蒸锅注水烧开，放入食材，蒸30分钟。

4.取出食材，揭去保鲜膜，撒上葱花和红椒即可。

红烧牛肉

🍲 材料

牛肉100克，白萝卜50克，姜片、蒜段各5克，干辣椒、八角、香叶、香菜各适量，冰糖3克，酱油3毫升，醋少许，盐3克，食用油适量

🍲 做法

1.牛肉洗净，切块，入沸水锅中汆去血水。

2.白萝卜洗净，去皮，切成块。

3.砂锅注入适量清水，放入牛肉、干辣椒、八角、冰糖、香叶，淋入酱油、醋，炖60分钟。加入白萝卜，再炖30分钟。

4.放入盐，拌匀，盛出后撒上香菜即可。

白灼虾

🍲 材料

基围虾500克，姜块、葱段各10克，花椒、粗辣椒面少许，香醋3毫升，生抽2毫升，盐2克，白酒3毫升，香油5毫升

🍲 做法

1.鲜虾洗净。

2.姜块洗净，捣烂，调入香醋、生抽、香油、粗辣椒面，制成味汁。

3.锅中加入适量水，加入盐、葱段、花椒烧开，淋入白酒，倒入虾，轻轻搅动，煮至虾完全变色。

4.捞出虾，控去水分装盘，搭配味汁食用。

蔬菜炒鸡丁

🐾 材料

鸡胸肉200克，黄瓜100克，胡萝卜100克，油炸花生仁60克，葱花少许，盐3克，鸡粉2克，料酒5毫升，生抽5毫升，生粉少许，水淀粉、食用油各适量

🍲 做法

1.洗净的黄瓜切成丁。

2.洗净的胡萝卜去皮，切成丁，放入沸水锅中焯水至断生，盛出沥水。

3.鸡胸肉洗净，切成丁，装入碗中，加入少许盐、料酒、生抽、生粉，拌匀，腌渍15分钟。

4.热锅注油烧至七成热，倒入鸡胸肉，滑油片刻，倒入黄瓜，翻炒至熟软。

5.倒入胡萝卜、油炸花生仁，加入适量盐、鸡粉、生抽，翻炒至入味。

6.淋入水淀粉勾芡，撒上葱花，翻炒匀即可。

白萝卜羊肉汤

🍲 材料

羊肉300克，白萝卜250克，葱段、姜片、香菜叶各少许，盐2克

🍲 做法

1.白萝卜去皮，切成厚片。

2.锅中注水烧开，倒入洗净的羊肉块拌匀，煮约2分钟后捞出过冷水。

3.砂锅中注入适量清水烧开，倒入羊肉、白萝卜、葱段、姜片拌匀，用大火烧开后转至小火炖煮约40分钟。

4.捞出煮好的羊肉切成片，装入碗中，浇上锅中煮好的汤水，撒上香菜叶即可。

五杯鸭

🍲 材料

鸭肉500克，香菜叶少许，料酒20毫升，酱油20毫升，白糖20克，白醋20毫升，食用油适量

🍲 做法

1.鸭肉洗净，切大块，用吸水纸吸干水分。

2.热锅注油烧热，倒入鸭肉块，煎至微黄。

3.依次加入料酒、白醋、酱油、白糖，再加入适量清水，小火焖30分钟。

4.将煮好的菜肴盛装入碗中，放上香菜叶即可。

韭薹炒虾仁

🥘 材料

韭薹200克，虾50克，盐
2克，鸡粉2克，料酒5毫
升，食用油适量

🍲 做法

1.韭薹洗净，切成段。

2.虾去除头部，切开背部，去除虾线，放入碗中，加入
1克盐、料酒拌匀，去除腥味。

3.锅中注油烧热，下入虾仁，炒至变色，倒入韭薹，翻
炒均匀，加入1克盐、鸡粉，炒至食材入味即可。

鲫鱼蒸蛋

🍅 材料

鲫鱼1条，鸡蛋3个，姜丝、葱花各适量，盐2克，料酒5毫升，食用油适量

🍲 做法

1.鲫鱼表面打上花刀，把姜丝塞入鱼肚，用盐均匀擦抹鱼身，倒入料酒，继续抹匀，静置20分钟。

2.将鸡蛋打散，加入盐拌匀。

3.热锅注油，放入鲫鱼，煎至表面金黄色，盛出待用。

4.备好碗，放入鲫鱼，倒入打好的蛋液，表面盖上保鲜膜，扎几个洞，放入烧开的蒸锅中，蒸20分钟。

5.取出蒸好的鲫鱼，揭去保鲜膜，撒上葱花即可。

健康蔬菜、蛋类及豆制品

栗焖香菇

🍲 材料

去皮板栗200克，鲜香菇40克，胡萝卜50克，盐、鸡粉、白糖各2克，生抽、水淀粉各5毫升，食用油适量

🍜 做法

1.洗净的板栗对半切开；洗好的香菇切成小块；洗净的胡萝卜去皮后切滚刀块。

2.用油起锅，倒入板栗、香菇、胡萝卜，翻炒均匀。

3.加入生抽，炒匀，注入适量清水，加入盐、鸡粉、白糖充分拌匀，用大火煮开后转小火焖15分钟使其入味。

4.淋入水淀粉勾芡即可。

荷塘小炒

材料

新鲜百合40克，莲藕90克，胡萝卜40克，水发木耳30克，荷兰豆30克，蒜末适量，盐3克，鸡粉3克，食用油适量

做法

1.莲藕切片；胡萝卜去皮切片；木耳切块。

2.热锅注油，倒入蒜末爆香，倒入莲藕、胡萝卜、木耳、荷兰豆炒匀。

3.倒入新鲜百合，翻炒至熟。

4.加入盐、鸡粉，炒匀入味即可。

松仁菠菜

材料

菠菜260克，松仁50克，盐3克，食用油10毫升

做法

1.菠菜切成长段，放入开水锅中焯水，沥干水分，待用。

2.另起锅，倒入食用油，放入松仁，用小火翻炒至香味飘出，盛出撒上少许盐，拌匀，待用。

3.锅留底油，倒入菠菜，加入盐，快速炒匀，装入盘中，撒上拌好盐的松仁即可。

蒸香菇西蓝花

🍲 材料

香菇100克，西蓝花100克，盐2克，鸡粉2克，蚝油3克，水淀粉10毫升，食用油适量

🍲 做法

1.洗净的香菇按十字花刀切块。

2.将洗净的西蓝花沿圈摆盘，切好的香菇摆在西蓝花中间。

3.蒸锅注水烧开，放入食材，蒸8分钟至熟。

4.另起锅，注入少许清水烧开，淋入食用油，加入盐、鸡粉、蚝油搅拌均匀，用水淀粉勾芡，搅拌均匀制成汤汁。

5.将汤汁浇在西蓝花和香菇上即可。

枸杞蒸娃娃菜

材料

娃娃菜2棵，水发枸杞10克，盐2克，生抽5毫升，食用油少许

做法

1.娃娃菜洗净，切成小瓣，摆入盘中，撒上枸杞。

2.取一小碗，加入生抽、盐、鸡粉，淋入少许食用油，搅拌匀，浇在娃娃菜上。

3.蒸锅注水烧开，放入娃娃菜，大火蒸8分钟至熟即可。

芹菜炒黄豆

🍲 材料

熟黄豆220克，芹菜80克，胡萝卜80克，盐3克，食用油适量

🍳 做法

1.洗净的芹菜去叶，切小段；洗净去皮的胡萝卜切成丁。

2.锅中注水烧开，加盐，倒入胡萝卜搅拌，煮至断生，捞出沥水，待用。

3.用油起锅，倒入芹菜炒至变软，再倒入胡萝卜、熟黄豆，快速翻炒匀。

4.加入盐，炒匀即可。

西葫芦炒木耳

🥣 材料

西葫芦100克，水发木耳70克，红椒片、姜片、葱段各少许，盐3克，食用油适量

🥄 做法

1.洗净的木耳切小块；西葫芦洗净后去皮，切成片。

2.锅中注入适量清水烧开，加入木耳煮约半分钟，至其断生，捞出沥水待用。

3.用油起锅，放入红椒片、姜片、葱段爆香。

4.放入木耳和西葫芦，快速炒匀至食材熟软。

5.加入盐，炒匀即可。

香煎豆干

🥣 材料

豆干200克，辣椒粉、香菜叶各少许，盐2克，鸡粉2克，食用油适量

🥄 做法

1.豆干切等长块。

2.热锅注油，放入豆干煎至两面微黄色。

3.均匀地撒上盐、鸡粉、辣椒粉。

4.将煎好的豆干盛入盘中，点缀上香菜叶即可。

芙蓉虾蒸蛋

🍲 材料

鸡蛋3个，虾仁数只，青豆50克，朝天椒2根，盐5克，料酒10毫升

🍲 做法

1.朝天椒切圈。

2.虾仁加少许盐、料酒拌匀，腌渍5分钟。

3.青豆放入沸水锅中焯水至熟，捞出沥干水。

4.鸡蛋打入碗中，加适量清水搅打成蛋液，覆盖上保鲜膜，扎上小孔，放入烧开的蒸锅里，加盖中火蒸5分钟。

5.揭盖，掀开保鲜膜，放上虾仁、青豆和朝天椒，盖上保鲜膜，再盖上盖，中火蒸5分钟即可。

水果豆腐沙拉

材料

橙子30克，日本豆腐70克，猕猴桃30克，圣女果20克，老酸奶30克

做法

1.日本豆腐去除外包装，切成棋子块；猕猴桃、橙子去皮切成片；圣女果切成片。

2.锅中注入适量清水烧开，放入日本豆腐，煮半分钟至其熟透，捞出，装盘。

3.把切好的水果放在日本豆腐块上，淋上老酸奶即可。

营养汤

天麻炖鸡

🍳 材料

土鸡500克，天麻20克，枸杞10克，姜片10克，盐2克，料酒5毫升

😋 做法

1.土鸡宰杀处理干净，剁成大块。

2.枸杞用清水洗净；天麻提前泡软后切成片。

3.锅中加水烧开，淋入少许料酒，倒入鸡肉块，待煮出血沫及污物后捞出，用清水冲洗干净。

4.砂锅中注入适量清水，倒入鸡肉块、天麻、姜片，淋入适量料酒，大火烧开后转小火煮1小时。

5.加入枸杞和盐，搅拌匀，继续煮10分钟即可。

韭菜鸭血汤

材料

鸭血300克，韭菜150克，姜片少许，盐2克，鸡粉2克，香油3毫升，胡椒粉少许

做法

1.鸭血切成片，韭菜切成小段。

2.锅中注入适量清水烧开，倒入鸭血，略煮一会儿，捞出沥干水分，待用。

3.另起锅，注入适量清水烧开，倒入备好的姜片、鸭血，放入韭菜段，加入盐、鸡粉，搅匀调味。

4.淋入香油，撒上少许胡椒粉，搅拌均匀即可。

鲫鱼鲜汤

材料

鲫鱼2条，姜片、葱段、葱结各适量，盐3克，鸡粉2克，胡椒粉2克，黄酒5毫升，食用油适量

做法

1.鲫鱼处理干净，鱼身内外拍少许盐，鱼腹内塞入葱结及部分姜片，腌渍10分钟。

2.煎锅注油烧热，放入姜片煸香，放入鲫鱼，煎至双面微黄焦香，添加足量清水，放入葱段，淋入黄酒，煮开后转中火继续煮15分钟左右至汤色浓稠。

3.加入盐、胡椒粉拌匀即可。

虫草花老鸭汤

🥘 材料

鸭肉300克，虫草花50克，菜薹8根，盐3克，鸡粉3克，料酒10毫升

🍲 做法

1.洗净的鸭肉斩成小块；菜薹洗净。

2.锅中注入适量清水烧热，放入鸭肉，搅匀，加入少许料酒，煮沸，余去血水，捞出沥干水分。

3.砂锅中注入适量清水烧开，倒入鸭肉，加入虫草花，搅拌均匀，再放入适量料酒，烧开后用小火炖1小时，至食材熟透。

4.放入菜薹，加入盐、鸡粉，撇去汤中浮沫，搅拌匀，煮至入味即可。

花样主食

蛋炒饭

🍳 材料

鸡蛋2个，米饭200克，
葱花适量，盐3克，鸡粉3
克，食用油适量

🍚 做法

1.鸡蛋打入碗内，搅散。

2.热锅注油，倒入蛋液，炒熟。

3.加少许食用油，倒入米饭，改用慢火将米饭翻炒
松散。

4.加盐、鸡粉调味。

5.撒入葱花翻炒。

6.米饭炒香出锅即成。

南瓜大米粥

🍲 材料

水发大米200克,南瓜150克

🍚 做法

1.南瓜去皮去瓤,切成块。

2.砂锅加入适量清水烧开,下入水发大米。

3.搅拌均匀,中小火煮30分钟至熟软。

4.放入南瓜,继续煮15分钟即可。

生菜鸡蛋面

🍲 材料

面条120克,鸡蛋1个,生菜65克,葱花少许,盐、鸡粉各2克,食用油适量

🍚 做法

1.鸡蛋打入碗中,打散。

2.用油起锅,倒入蛋液,炒至蛋皮状,盛出。

3.锅中注入适量清水烧开,放入面条拌匀,加入盐、鸡粉,用中火煮约2分钟,揭盖。

4.加入少许食用油,放入蛋皮,拌匀,放入洗好的生菜,煮至断生。

5.盛出煮好的面条,装入碗中,撒上葱花即可。